U0165154

帽子的历史

[美]德雷克·斯图特曼　著

郭子优　译

科学普及出版社
·北　京·

图书在版编目（CIP）数据

帽子的历史 / (美) 德雷克·斯图特曼著 ; 郭子优译. -- 北京 : 科学普及出版社, 2024.4
书名原文: Hat: Origins, Language, Style
ISBN 978-7-110-10680-8

Ⅰ. ①帽… Ⅱ. ①德… ②郭… Ⅲ. ①帽－文化史－世界 Ⅳ. ①TS941.721-091

中国国家版本馆CIP数据核字(2024)第038708号

著作权合同登记号：01-2024-0362

策划编辑	胡　怡
责任编辑	胡　怡
封面设计	智慧柳
正文设计	金彩恒通　张　珊
责任校对	张晓莉
责任印制	马宇晨

出　　版	科学普及出版社
发　　行	中国科学技术出版社有限公司发行部
地　　址	北京市海淀区中关村南大街16号
邮　　编	100081
发行电话	010-62173865
传　　真	010-62173081
网　　址	http://www.cspbooks.com.cn

开　　本	880mm×1230mm　1/32
字　　数	164千字
印　　张	7.5
版　　次	2024年4月第1版
印　　次	2024年4月第1次印刷
印　　刷	北京世纪恒宇印刷有限公司
书　　号	ISBN 978-7-110-10680-8 / TS·156
定　　价	98.00元

（凡购买本社图书，如有缺页、倒页、脱页者，本社发行部负责调换）

目录

△
《哈利·波特》中出现的分院帽。

引言

当人们学会打扮的时候，帽子便应运而生了。

——斯蒂芬·琼斯，制帽师

本书聚焦于以下话题：帽子产生的原因与演变发展过程、不同帽子所表达出的重要信息及帽子对生活产生的影响。帽子是文化的产物，同时也在细节上反映着文化。在研究一个特定的社会形态时，明确的观点对文化剖析至关重要。在本书中，我们会以西方头饰为线索，探究其所反映出的社会风貌与文化内涵。然而，有一种帽子虽然能够充当连接西方文明的线索，却无法称其为西方文明的代表，这便是魔法帽。这种帽子起源于旧石器时代，并传承至今，人们能在历史的各个时期、世界各地发现它的身影。由此，我们不难看出帽子在人类社会中的重要性和人们对帽子的喜爱。

在各国民间传说中，魔法帽都有异乎寻常的能力，令人能瞬间超越自我。魔法帽能让人获得飞行或隐身的能力，引导人进入全新的空间和神秘的世界。魔法帽也能为佩戴者解开重重谜题，

戴着魔法帽的墨丘利
（赫尔墨斯的罗马名
字），1933 年，在纽
约洛克菲勒中心展示
的艺术装饰风格浮雕
画像。

让他们那些看似不可能实现的愿望成真，又或是拯救人于危险之
中。从冰河世纪开始，魔法帽就出现在人类文明中。如今，这种
帽子依然屡见不鲜。例如，魔术师的帽子中能跳出小兔子。《哈
利·波特》中有一顶又大又怪异的软帽，被称作分院帽，它能够
巧妙地引导灵魂认识自我。古希腊神话中的赫尔墨斯神也有一顶
长着翅膀的帽子，人们曾视它为装饰艺术运动的标志，如今这顶
神奇的帽子依然是速度与优雅的象征。

　　上文所列举出的这些帽子都有很深的历史渊源，并在今天
依然活跃于文化中。这些帽子为什么如此让人着迷？因为它们
不仅是服饰，更代表不同文化对权力的理解。在大多数文化和
认知中，帽子具有转换人身份的能力，正是这种特性建立起帽
子与权力的紧密联系。当一顶帽子被赋予一位佩戴者时，相应

地也将某种特权赐予了他，这也使得帽子成为这种特权的象征。帽子所扮演的这种神奇的角色，在人类社会中是绝无仅有而又影响深远的。

人们用各种材料制作不同尺寸的帽子，有人造材质的也有天然材质的，有软的也有硬的，有小的也有大的，有宽的也有长的。无论是婴儿还是成人，任何人都可以戴帽子。有的帽子可以在标新立异上做到极致（时装秀中的帽子），有的帽子让人有归属感（同一氏族的人佩戴的相同款式的帽子），还有的帽子因为是统一配备的，会让人心生恐惧（士兵戴的头盔）。帽子的使用时间有长有短，有代代相传的王冠和修女的绣花贴头帽，也有纸做的聚会帽，聚会结束后就被丢弃。帽子不仅是戴在头上的东西，它还是人类思想的一个复杂的标志，代表着政治、哲学、语言、宗教和礼仪背后错综复杂的信仰，以及个性等含义。帽子还可以传递人们对社会想象的任何方面的影射、讽刺和评论。

代表平衡与判断的方形学位帽。

帽子的历史有数千年之久，最远可追溯到 30000 多年前的冰河世纪时期。帽子是唯一的，至少是目前已知的最早的有图形记录的服装。约 700000 年前，帽子的重要性可以通过人类早期绘画和雕刻诸如圆形、三角形和正方形等抽象的形状体现出来，这些抽象的线性图形与真实的帽子之间具有一定的潜在联系，因为大部分帽子的轮廓都倾向于借鉴基本的几何图形，例如人们熟知的方形学位帽、锥形女巫帽、圆形无檐便帽和圆柱形土耳其毡帽。在全球各地，许多帽子都保持着它们最原始的形状，数千年不变，但大多数帽子都在它们的"鼻祖"的原型上有所改动，改成片状的、突起的或其他几何形状。比如，欧洲中世纪小丑的帽子是在锥形帽上添加了两个角，而西班牙斗牛士的帽子是在圆帽上增加了两个角。中国朝鲜族传统的儒生帽程子冠有棱有角，由坚硬的黑色透明网状物制成。15 世纪佛拉芝人（主要分布在比利时北部，编者注）佩戴的蝴蝶汉宁帽极富特色，这种帽子的面纱两侧垂下两根细线，这样的构造

◁

女巫的锥形帽。

斗牛士的帽子形似
牛头。

与带角的无檐便帽有异曲同工之处。我们可以推断这些常见的
几何形帽子来源于冰河时代的抽象图案，同时也反映出人类的
抽象思维是如何循序渐进地发展的。

　　从古至今，帽子及其形状的变迁催生出了一种观念，那就
是这种服饰能够代表一个人的身份，同时也可以成为诸如保护、
变革、敬神、制裁等人类行为的象征。一旦帽子被人戴上，它
就不再是普通的服饰，而是具有了一定的功能。例如，各国国
王所佩戴的王冠，在加冕仪式之后便不再是简单的头饰，而是
成为一个国家统治权的象征。日本神道教中的立乌帽和罗马天
主教的主教冠被赋予神职人员后便成为神权的标志，而玛雅人

的传统头饰则是他们进入精神世界的重要载体。伊斯兰教、犹
太教与基督教的人会佩戴极具宗教特色的帽子来表明他们的信
仰。任何国家军队的头盔就算人们看到时没有被人所戴，也会
令人恐惧。

△
14 世纪欧洲的蝴蝶形汉宁帽，这种帽子有两个角，上面一般还附有一件面纱。

尼日利亚的王冠被认为是连接国王与其治下的部落，以及其先祖的纽带。这顶王冠上的丝线能够遮住国王的脸，以此来减弱他的个人形象并突出他作为领导者的特征。

◁
拿破仑·波拿巴在1804
年加冕称帝时所戴的
王冠。

▷

古埃及荷鲁斯（古埃及神话中法老的守护神，王权的象征。编者注）佩戴的双重冠，它将上埃及和下埃及两地的王冠合二为一。

这是 8 世纪墨西哥玛雅古城亚斯奇兰的一块浮雕石碑，它描绘了一位戴着精致头饰的统治者。这种头饰适用于血祭仪式，玛雅人以此进入"极乐世界"。

△
日本神道教的祭司在相扑比赛的开幕式上佩戴立乌帽。

头与帽子

从某种角度上说，普通的帽子具有如此多的功能，是因为帽子是一种服饰。帽子不像衣服，它并非覆盖人的身体，而是在身体的最高处，因此帽子与头之间有着一种特殊的关系，人们常常把两者看作一个整体。不像手套与手、鞋子与脚、衬衫与胸、长袍与躯干、裤子与腿、大衣与后背、袖子与手臂，帽子与头的关系是更加特殊的。

人们对头部的重视程度远超对身体其他部位的关注，其原因显而易见，因为头是不可替代的！人们可以移植包括心脏在内的多种器官，但他们不能更换自己的头，这是一个迷人、敏感且具有多种功能的器官。头的顶端有着人们十分珍视的头发，头的内部有人的大脑，它可以整合信息、处理问题、思考事情，头部的各种器官能够帮助人们品尝、触摸、细嗅、聆听或是观察。头能感知人的精神层面，并能抽象地再现自然世界。因此，我们不难想象，从帽子出现开始，人们便把这一服饰作为多才多艺的人脑的延伸。帽子显眼地位于身体最上面，它能够表明下面的人是谁，同时也展现出其主人的个性特点和社会地位。因此，在一顶帽子中常常蕴含着一种特定的文化观念，这顶帽子也在积极地保持、维护甚至是促进这些文化观念。帽子不是静态的物件，它是一种沟通的媒介。

人们常常把帽子和人脑惊人的创造力联系在一起，这种联系有时是直接的，有时是间接的。关于神奇的帽子的寓言与传说比比皆是，在其中帽子赋予主人学识和对其他世界的感知的例子屡见不鲜。帽子与人脑共存的关系也体现在领导力上，尼日利亚的王冠可以很好地证实这种联系。这种头饰起源于17世纪,它蕴含着北约鲁巴人特有的哲学观念。北约鲁巴人认为,在实际存在的人脑里,存在着一个抽象层面的大脑,他们将其称为"奥日依努"(ori inu)。"奥日依努"能够引导一个人在其既定的命运中前行。这种命运的概念体现在国王身上便是其对于臣民的统率。在约鲁巴社群中,被称作"阿德奥巴"(ade oba)的王冠便是这种领导力的象征。"阿德奥巴"是一顶镶嵌有宝珠的圆锥形王冠,同时也有珠串在王冠边缘挂着。在约鲁巴人看来,一旦国王戴上了"阿德奥巴",这顶王冠便赋予了他作为国王的使命并赐予了他必要的能力。同时,这位新国王的正统性也得到了认可。在这个案例中,王冠将现任国王与臣民、"奥日依努"和先王联系在一起。国王只能透过王冠上挂着的珠串才能观察万物,这种设计体现出人们不应将作为领导者的国王当作一个简单的个体。珠串遮盖了他的视线,也掩盖了他作为个人的身份。国王开始具有某种象征意义,因为他如今是国家历史与臣民的代表。

帽子用作饰品

人们或将帽子当作一般的服饰,或将其看作具有象征意义的符号。作为一种服装配饰,帽子常常受到人们的重视,成了服饰的重要组成元素。而作为一种象征符号,帽子在历史上占据重要的地位,具有极强的影响力。它能够代表宗教信仰,代表政府管理,代表军事活动,代表民俗传统,代表商业贸易,代表宗族礼法,代表时尚娱乐。这样的联系让帽子不再是简单的服装组成部分(如实体皇冠),也不仅仅是一件物品(如象征意义上的皇冠),

而是让其象征含义与实际用途融为一体。各国的人们都认可帽子的象征功能，它特色鲜明，将社会各群体区分开来；它极具美感，让欣赏帽子的人们眼花缭乱。帽子的实际用途也不少：它可以帮助人们御寒避暑、保护头部，人们甚至可以把帽子颠倒过来装东西。帽子既是一件服饰，又是某种象征。这样一个具有实际功能的物品是如何表达身份和地位的？人们什么时候开始将它当作一件服饰？它什么时候开始具有实用功能？又是什么时候开始作为某种标志的？帽子是如何成为仪式中不可或缺的物品的？最初它又是代表着什么含义？

　　人与物之间具有极强的联系。伊恩·霍德在他的相关研究中指出，在这种联系中，物不仅仅是物，而是关系的重要组成部分。正如霍德所说，在这种关系中，人与物存在互动关系，并因此"纠缠"在一起。在英语中，根据词源学，"物"处在联系互动之中而非孤立静止的存在。这个词源于古斯堪的纳维亚语的 thingian 和古德语中的 dingen，在这两种古老的语言中，它指代"组装"。这个词既有名词用法也有动词用法。在当时，这个词的意思和现在一样，人们可以通过劳动"组装"一个物品，也可以通过理解进行"组装"，也就是通过思考孕育出一种观点。因此，一个物品是通过一个过程创造出来的，这个过程既包括体力劳动，也包括脑力劳动。这就意味着，虽然物是单一的客观存在的东西，但它也同时具有集体属性。如果我们不将一个事物具体化，那它的集合同时代表了加工生产的过程和最终产生的产品，并且这两个概念是可以互相转化的。在古斯堪的纳维亚语中，事物也有着"达成共识，签订合同"的含义，而在古德语中，它则意味着 "解决、组装"和"开庭、谈判、签订合同"的意思。因此，一件物成了一根纽带，在人类活动中将与其相关的各方联系在一起。作为人们思考的对象，事物被定义为客观存在的，或是被人认定为客观存在的东西。人们将其分为实际的和理论上的，有生命的和无生命的，又或是实际存在、可能存在和仅存在想象中的。因此，霍德指出在文化中，事物实则是建立人与环境的联系，过去与现在的联系，日常生活与政治、神权的联系。

在人类社会与帽子相关的种种联系中，最有迹可循的便是达官贵人们所佩戴的帽子，人们将其视作官员的标志或是带有宗教色彩的载体。在人类历史上多个时期和多个区域中，这些看似神圣高贵的帽子实则都起源于平民百姓的服饰。这种平凡普通与高贵圣洁的联系在埃及体现为法老们戴的内梅什头巾，在希腊体现为公民佩戴的伞状帽，在日本神道教中体现为神职人员的立乌帽。而在天主教中，这种联系又体现在大部分教徒的服饰中，例如修女的头巾和方济各会教士的大兜帽等。这些头饰都是由平民服饰转化而成的。以上种种说明帽子既可以作为一个群体所认同的客观存在的标志，也可以作为将社会中从统治者到劳动者联系起来的手段。帽子作为一种物品，印证了之前所说的事物既可以指代一种客观存在，也可以指代它孕育产生的过程。它既是一种象征，又代表了人们与这种象征的联系。在社会活动中，它既是某种群体的标志，又可以说明人们与这种群体的联系。

人们以帽子作为载体来表达某种信息，这也便让它能够整合其所处文化的种种观念。物品 object 一词来自拉丁语连词 ob，

意思是 "之前" 或是 "反对"，而 jacere 的意思是 "扔"。
1899 年的《世纪词典》将名词 object 解释为 "将某物置于眼前"
或是 "让某人明显地感受到某物的存在"。这本词典有许多卷，
是《牛津英语词典》的重要来源之一，以其为每个词条提供的深
入的词源历史而闻名。根据这一释义，帽子作为物品给人传递出
明确的信息，这是因为帽子的一大作用是表明一个人的身份地位
与文化观念。

　　根据对 "物品"（object）的释义，帽子也可以被看作一个
舞台。来自捷克的灯光师约瑟夫·斯沃博达是戏剧界最伟大的人
物之一，在他眼里，为每一部新作品的黑暗、空旷的舞台提供照
明就像是面对一个看不见底的深渊。这个深渊的出现不仅是因为
舞台本身是黑暗的，而且在这无边际的黑暗中，剧作家还没有表
达任何意义。斯沃博达深知，灯光下的舞台必须要易于理解。他
知道他必须把叙事的感觉搬上舞台，这样剧本、演出和导演才能
够给观众呈现出一个完整的故事。斯沃博达知道，当他照亮模糊
的舞台时，生动演出的表现力便超过了文字，观众将更直观地去
品味一个故事。这样看来，帽子的功能与舞台上灯光的作用有着
异曲同工之妙。帽子将它的重量、形式、轮廓、质地和材料等元
素整合起来，以一种隐晦的方式透露出其主人的信息，甚至是一
种文化的种种细节。人们能够以与欣赏一场戏剧相似的方式来从
一顶帽子中获取种种信息。帽子就像一座剧院，为人们传达出社
会信息。

帽子的语言

帽子可以传递信息。人们可以通过语言、手势、表演等方式来呈现一顶帽子具有的意义。无论在政坛还是时尚界，人们对帽子造型的改变都能反映出帽子意义的转变。直到 20 世纪中期，帽子在社会各界中不可或缺且无处不在，如果一个人不戴帽子，无论他是谁，都可能给他人留下负面的印象。人们很可能将道德败坏、名誉扫地、穷困潦倒、奴颜婢膝或是年老色衰等标签贴在一个不戴帽子的人身上，这个人甚至可能受到怀疑或法律的制裁。许多文化都曾经有过甚至现今仍然有着遮盖头部的严格规定，大多数社会的公序良俗都明确规定了人们该在怎样的场合、以一种怎样的方式佩戴头饰或是将其摘下，每一个人都要学习有关帽子的礼仪。仅仅佩戴帽子这一简单的动作在不同的场合就有不同的要求，这一行为有时是个人自主的选择，有时是特定场合的要求，在某些情况下又是社交规则的禁忌。从古至今，人们制定与帽子相关的一系列规则从某种程度上是为了规范人们在公共场合和私人环境中的行为。这些严格的礼仪礼法，在追求配偶、体现等级关系等情况下具有重要作用。这些规则对妇女的限制尤其严格，甚至直到 20 世纪，妇女会因为不戴帽子而被人们指责道德败坏。而女性反抗这种社会规范的例子也屡见不鲜，比如 19 世纪 30 年代纽约鲍厄里街区的帮派女孩，她们在公共场合展示自己剃的光头以示抗议。20 世纪 60 年代中期步入工业化时代，在这一时期，帽子对人的约束作用越来越弱，直到 70 年代末期，男人和女人都摆脱了帽子的束缚。但在 90 年代，以亚历山大·麦昆和约翰·加利亚诺为首的时装设计师，与菲利普·特雷西等制帽师合作，为舞台上衣着华丽的模特们准备了极具美感的帽子，俘获了观众的心。

在21世纪前10年的西方世界，帽子似乎虽无法恢复其在历史上的重要地位，但帽子仍是文化的重要组成部分，在我们的生活中无处不在。例如当今在世界各地备受青睐的棒球帽，甚至在20世纪90年代掀起了一阵"棒球帽热"。同时，那些有着悠久历史的帽子款式，例如兜帽、无檐便帽和头巾在现代仍有不小的受众群体。人类文明对帽子的需求是在缓慢增长的，因此帽子永远不会淡出人们的视线。一些与帽子相关的习语也沿用至今。例如，"Wearing two hats"表示身兼两职，"I take my hat off to you"意为向你脱帽致敬，"old hat"指代陈腐过时的事物，"pass the hat"是募捐一词的代替，"throw my hat in the ring"表示一个人宣布参加竞争，"cap in hand"则用于形容对人毕恭毕敬。人们仍然在日常生活中使用这些习语，即使是那些没有被帽子文化约束的年轻人也用这些词语与人交流。当赌徒们相信自己会赢的时候，他们会说"倘若输掉我会吃下我的帽子"。人们也会用黑帽子来指代恶棍，用白帽子象征英雄，这样的表达看似奇怪却并不罕见。黑帽技术大会始创于1997年，是黑客们参加的大型集会。他们选用黑帽这个令人心生畏惧的名字，以表明黑客并不是正派人物，或是在21世纪早期人们政治立场普遍模糊的大环境下说明黑客们扮演着一种反英雄的角色。

不同人佩戴帽子、对待帽子的方式存在细微差别，这些差别体现在不同年龄段的人之间，也体现在不同的社会群体之间。人们可以据此来推断出许多信息。人们常常有意无意地在帽子上安装或拆卸一些装饰物和零部件，例如加上一个帽檐，或是去掉一个夹层。这样的做法会改变帽子原有的样子，让它更加标新立异或变得不那么显眼。帽子可以很好地融入时尚，也可以随时扭转潮流。历史曾多次证明，由于帽子具有极强的标志象征作用，就算政坛动荡潮流更迭，它在人们的生活中仍然扮演着不可忽视的角色。

如今，人们仍会通过佩戴不同的帽子来展现他们的个性，他们也喜欢通过分析一顶帽子来推测其主人的形象。棒球帽成为常见的服饰之后，人们便通过佩戴棒球帽来展示自我。他们可以选择不同的帽檐朝向，有人选择帽檐向前的常规戴法，有的将帽檐朝后、朝向侧面或是将帽子歪戴，帽檐的不同朝向传递出不同的信息。帽冠的高度、帽檐的宽度及丝带、羽毛、宝石等装饰都暗示了其主人的个性。那些对帽子了解的人往往能从一顶与众不同的帽子推断出一个人的大致形象。

在 21 世纪初，各种各样的帽子再次进入大众视野并成为人们日常着装的一部分。随着软毡帽、袋鼠牌渔夫帽、报童帽、休闲针织帽、司机帽、车轮帽、贝雷帽、巴拿马草帽和软呢帽等常见款式受到人们的喜爱，顶级奢侈品牌如爱马仕与普拉达也相应推出这些帽子的高端定制款，这使得帽子的销量再次飙升。直到 2015 年前后，帽子再次变得随处可见。它们主导了时装秀与 T 台，成了众多名流不可或缺的服饰和杂志封面的常客，并在游戏与 cosplay（角色扮演）中大受欢迎。在这一过程中，自制帽子也为大众所接受，而与此同时，那些专卖高端帽子的服装店也开始变得随处可见。作为新时代潮流的标志之一，假面舞会中人们对头饰的重视程度也反映出帽子在这一时期的重要地位。而这股"帽子热"也再度将制帽师推到聚光灯下。

在 21 世纪，悠久的帽子文化得以继承并重新焕发生机，再次成为社会关注的焦点。虽然在工业化时代人们短暂抛弃了戴帽子的习惯，但这并不能让帽子在人类社会中消失，因为它具有象征意义，能够传递出众多信息，给人以美的享受。同时，帽子也可以成为友谊的见证，给人以归属感和安全感，或是成为时尚潮流的重要载体。

△
棒球帽的外观轮廓能让人一眼认出。

第一章

帽子的起源与形式

人只有一个脑袋，这才是关键。

——克里斯特巴尔·巴伦夏加，服装设计师、制帽师

当你观察一顶帽子时，你首先关注的便是它的外观。不同款式的帽子有着不同的结构，通常它们有着鲜明的特点和特有的造型，而这种样式通常是在很久以前就确定下来的。比如说，人们可以通过环形的帽檐来快速分辨出软呢帽和礼帽。而那些具有象征意义的帽子，还蕴含着一定的文化观念。不同国家的王冠便很好地发挥了这一作用，它所传递出的信息既可以是客观存在的，又可以是一种抽象的观念和意义。王冠可以让人们联想到一个国家的领袖，也可以代表抽象的王权理念。帽子作为一种客观存在的物品，可能具有某种象征意义，能够以形象可见的方式代表抽象的思想观念。具有象征意义的符号是人类最早的发明之一，至少在 100000 年前就有人开始运用符号来指代其他事物了，这一阶段在考古学界被称为"创造大爆发"时期。根据现有证据，人

类至少在 30000 年前就开始佩戴帽子了，那时的人们戴着原始
的无檐便帽与头巾。这些头巾通常呈方形，有着四个圆圆的角，
能够紧紧贴合头部。在人类历史早期，这些头饰十分重要。在出
土的旧石器时代的雕像中，雕刻的女性人物常常戴着一顶帽子，
除此之外她们一丝不挂。既然帽子常常会附带一定的象征含义，
我们便有理由推测这些旧石器时代出现的帽子可能意味着人类思
想的产生，毕竟给帽子设计不同的外观需要一定的思维能力。在
人类文明的伊始，帽子就受到格外的重视，现如今已知最早的服
饰便是旧石器时代出现的帽子。在那时，帽子就是人思想的产物，
是创新的象征。

　　无檐便帽是帽子家族最年长的成员。在西伯利亚的科斯捷尼
基地区（位于现今的俄罗斯）曾出土过一件猛犸象牙材质的雕像，
这件手工制品可追溯到 30000 年前旧石器时代的格拉维特期。
雕像呈现出一位头戴便帽的丰满的女性形象，一条项链或是装饰
性的束带从她的背后系到胸前。她的便帽呈碗形，由一条条垂线
分割，有着明显的下摆。雕刻的头颅与现实中的不同，仅呈现为
简单的球形，她的面部则像是平坦的坡面，脸上并无明显的五官
与其他细节处理。几千年之后，奥地利人所佩戴的帽子与其有惊
人的相似之处。在这里出土的一件石灰岩材质的女性雕像大致能
追溯到 30000 到 27000 年前之间。雕像所刻画的人依然毫无特
征，有着一颗球状的脑袋。在这座雕像上，帽子采用浮雕的形式，
以七组对称的突起线条呈现，代表帽子的线条从头顶开始围绕着
整个头颅旋转，最终在脑后以两层更短的线条收尾。人们将这个
雕像命名为维伦多夫的维纳斯，和之前提到的科斯捷尼基地区出

土的雕像一样，这两个雕像都呈现了一个站立的戴着帽子的女性形象，且都是旧石器时代最为人所知的艺术品，两座雕像也有着诸多的相似点。维伦多夫的维纳斯雕像身材并不高大，仅仅高约4.5英寸（约11.4厘米），体态十分丰腴，雕刻家凭借其娴熟的技艺与对人体的充分认识，雕刻出了十分逼真的人体形象。这座雕像的一个膝盖微微抬起，两条大腿随着双脚微微向内旋转，这样的动作设计在同时期的其他人物雕像中也很常见。我们可以看出，设计者在创作时对人体各部位的重量与比例进行了很好的还原。维伦多夫的维纳斯雕像是旧石器时代艺术品的典型代表，我们可以看到，其双臂就像两根棍棒一样，很容易被人忽视，双脚小到几乎看不见。她的头几乎只是一个肿块，扁平的脸上没有明显的五官，可以说是毫无特征。

维伦多夫的维纳斯雕像垂下的头颅和模糊的面容基本被她盘起的头饰所遮盖，雕像的头与头饰的夹角十分微小，这也说明了她头上盘着的是帽子而不是头发。这顶帽子上一排排突起对称整齐、紧凑密集，一直从头顶延伸到帽子的下摆处，这顶帽子大到包住了雕像的半个头。直到21世纪初期，大多数对冰河世纪人物形象的研究都忽视了帽子的重要作用。但在近期的研究中，人们发现帽子与研究有着密切的联系，甚至是研究中至关重要的部分，研究者能够从人物所佩戴的帽子中挖掘出更多的信息。有人认为这种"维伦多夫"式的软帽采取了垂直的轮廓绣法（这是一种复杂的倒缝法），这让帽子的结构呈辐射状展开。也有人说，帽子上精心雕刻出的穿插线说明了当时的缝纫技术已经十分精湛成熟。研究史前纺织品的权威伊丽莎

◁
这是在西伯利亚地区
出土的雕像"科斯捷
尼基的女人",有着
约 30000 年的历史,
雕刻的女性几乎没有
面部特征,却戴着一
顶无檐便帽。

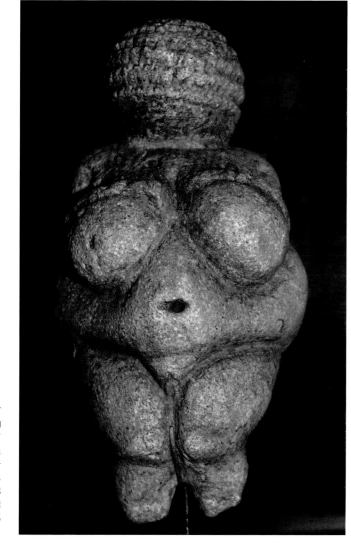

▷

"维伦多夫的维纳斯"这一雕像刻画了一个面部特征不明显的裸体女性，制作于28000—25000年前。这尊女像出土于奥地利，她戴着一顶无檐便帽，很像科斯捷尼基的人像。

白·巴伯的观点可以作为这一论证的根据，即旧石器时代的缝纫纺织技术已然成熟，人们在学会制陶之前就已经学会了纺织，甚至可能在习得种植驯养的技术前，早期人类缝纫的技术就已经十分高超。因此，我们有理由推测这座雕像的帽子是杰出缝纫技术的产物，它很有可能是在巴伯所称"绳索革命"时期所纺织出来的，这一时期始于约 40000 年前。在"绳索革命"时期，人们发明创造了一系列粗绳细线用于捆绑、缝纫等多种用途。此外，这顶帽子可能还附带有萨满教的神权色彩，或许它具有彰显尊贵与特权的作用，毕竟人们至今还将帽子作为权力的象征并通过其传递诸多信号。雕刻家将雕像的双脚处理得尽可能小，这可能是为了体现她的双脚无须着地，这样的表现手法或许暗示雕像具有超自然力量。毫无特点的面部则传递出了这样的信息：她象征集体的作用被放大，而作为个体的特色却被隐藏。类似的设计思路也体现在尼日利亚的王冠中，这顶王冠上附有许多细线，它们象征着对国王个性的抹除（这样国王便不再代表他自己，而是成为整个社群的象征）。

在这样一个小小的雕像中融合了纺织技术、萨满教、帽子等诸多元素，因此它能够为人们研究史前时期的产业、宗教、统治和象征符号提供证据。维伦多夫的维纳斯这一雕像，将头饰、象征符号、生产技术与神权统治等人类活动中不同的方面联系起来。这些缝制、编织出的帽子究竟在旧石器时代人类生活中起到什么作用，目前还有待学者考证研究。但是，我们能够从中得出一个有力的假设：帽子在人类文明演化过程中起着重要的作用。

这是在西伯利亚马尔
塔地区出土的女性雕
像，制作于 20000 多
年前，这件雕像所刻
画的是一位纤瘦、裸
体的并戴着头巾的
女性。

在马尔塔遗址也出土了一批雕像，这一遗址位于现今俄罗斯寒冷的西伯利亚地区，这些雕像可以追溯到约 20000 年前，其由猛犸象牙制成，所刻画的人物多为女性，她们赤身裸体，戴着头巾。与先前所提及的雕像一样，这些艺术品也十分袖珍，她们只有 4 英寸（约 10 厘米）高。但这些雕像所表现的人物形象却截然不同，她们体态瘦长，保持笔直的站姿。这些人物的外貌表现得十分抽象。此外，能够体现人类特点的部分便只剩下她们细长的手臂，这些人物的双臂微微回拢，两手合于胸前。其中一些人戴着又厚又软的、可能由毛皮制成的头巾，这些头巾从她们的头顶一直系到下巴。奇怪的是，人们佩戴这些头巾本应当是为了御寒，但这些雕像却没有穿着其他服饰。这一看似矛盾的细节表明，比起其他不耐穿的衣服，这些人认为头巾更加重要。在寒冷的气候环境中，人物裸体却佩戴头巾的行为让头饰的作用更加显著。即使我们仍不明白这种行为背后的逻辑，但它确实对人类研究有重大意义。考古学家约翰·霍菲克尔在他的分析冰河时期文化的文章中指出，早期文明中的象征符号和技术创新之间具有密切联系，两者常常相伴而行。例如，在上述的雕像中能够同时体现出缝纫纺织技术的发展和早期人类的一些思想观念。最早可追溯到 700000 年前的人类存在的最早表达之一是几何图形的渲染和象征符号。霍菲克尔认为诸如雕塑艺术的表现形式标志着人类创造能力和抽象思维的出现，并指出"象征符号的出现与技术水平的进步常常同时发生"。他认为人类很早以前就具备了抽象思维的能力，并且这种思维在发明创造中起到了至关重要的作用。"人类能够通过创造将自己的思想凝结在客观存在的物品中，把想法变为现实。这种能力最早体现在 1700000 年前的一些非洲人中。"根据霍菲克尔的说法，人们能够逆转感知的过程，他们可以根据头脑中的思维与想法创造出世界上前所未有的事物。起初，这些物体结构简单，但从大约 500000 年前开始，人脑进化得越来越大，思维能力也越来越强，人类开始制造更复杂的、具有结构层次的器具。根据考古研究，从大约 100000 年前开始，人类的创造思维与潜能就基本发展成熟，这便让技术创新所受的限制大大减少。

各种象征符号不一定都有用处，但我们可以肯定，几何图形扮演着至关重要的角色。当人们将一条或多条连贯的线段以不同的方式排列，他们便创造出了"概念"一词，即让原本直观感性的思维上升到抽象理性的新高度。对几何图形的运用贯穿新石器时代始终，同时几何图形也成了连接新、旧石器时代的纽带，让这两个时期不可割裂开研究。在这两个时期中，人们都运用几何图形来作为象征符号，让他们创造的物品真正反映了脑中的灵感创意。

研究新石器时代的考古学家马丽加·金芭塔丝认为这些图形不是生硬线条的集合，而是极具生命力的催化剂，因为对这些图形的运用让"人与物均能充分发挥出他们的效力"。图形的这种催化作用并非逐步产生，而是其与生俱来的特征，这种特征在当今仍有所体现。 在许多人看来，线条是世界上出现最早、最原始的图像，因为它是形象、具体、可视的，能够承载一定的意义。线条能够组成文字、数字、几何图形等图像，而这些线条的抽象产物都是有着具体含义的符号，能够记录、传递、分析一定的信息，它们为人类进一步打开了知识的大门。吉纳维芙·冯·佩金格尔是一位研究冰河世纪出现的标记符号的学者，并在该领域取得重大进展。她认为旧石器时代的几何图形是"承载具体意义的文字"，只有当人们理解了这些图形所表达的意思，才能够解开诸多冰河时代之谜。佩金格尔的观点也指出了人类历史早期出现的图案可能是沟通交流的重要工具。

这样的观点也在一个方面解释了人们为什么需要帽子，在社会构建过程中，不同种类的帽子具有代表不同社会群体的作用。每种帽子都有自己特有的形状，这些不同的形状结构便承载了一定的信息供人解读。通过分析这些帽子的轮廓，人们可以分析出有关其主人的种种信息，这便赋予了帽子暗示性的作用；通过佩戴一顶特定的帽子，人们可以更好地彰显其身份地位，这便赋予了帽子象征性的作用。每一顶帽子都兼具暗示性和象征性的作用。例如在研究冰河时代的帽子时，我们能够从其做工中推测出当时已经有相对成熟的纺织技术，同时在分析戴着帽子却赤裸身体的人像时，我们有理由相信，这顶帽子与早期宗教之间有着某种联系。在这一案例中，帽子为我们展示了冰河时代的纺织水平，同时也体现出这一时期的神权色彩。无论是旧石器时代早期出现的几何图案，还是该时代后期出现的帽子，都为一个重要的研究观点提供了历史证据，即帽子早在人类历史早期就能够作为承载、传递信息的重要物品，而在当代，帽子仍然发挥着这样的作用。由此，我们可以将帽子看作是一件蕴含着抽象思想观念的客观存在的物品。

这是在罗马尼亚发现的小雕像,这件文物可以追溯到公元前4050—前3900年,它属于新石器时期库库泰尼文化的工艺品。雕刻的裸体女性身上遍布着对称、呈漩涡状的花纹,这可能代表生命能量的流动。

　　人们赋予"物品"（thing）一词两个含义，即这一物品本身和制作、创造该物品的过程。帽子的这些种种特性符合其作为"物品"的定义，同时也印证了考古学家霍菲克尔的一个观点，即在大脑不断进化之后，人类已经可以在发明创造出一种物件的同时就赋予它一定的象征意义，即符号的创造和物体的创造是大脑进化中同时存在的成就。此外，制作一件物品的时间在创造过程中同样也是关键因素。亚历山大·马沙克在研究旧石器时代人类的时间观念时发现，那时的人类制作物品意味着他们已经有了对未来的概念，我们应当把"未来"这一时间段也归于制造物品的过程中，毕竟人们制作工具或是其他物件是在为将来做打算。

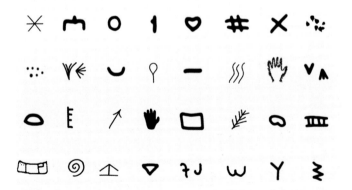

◁
这是一张展示旧石器时代线条图案的图表，这些图案设计于100000—40000年前的"创造大爆发"时期，反映出人类历史早期人们就对几何图形充满兴趣。

帽子里外

在分析一顶帽子时，我们可以将其拆分为内部和外部两部分，即帽子的外观轮廓和内部的凹面构造。人们常常会关注一顶帽子的外部轮廓，却忽视了其半球形的内部结构，而这内部的设计却往往更加精妙。帽子里外两部分结合起来形成一个整体，体现出一定的象征意义，这种象征性为冰河时代帽子的文化作用提供了重要的理论支撑，并能够很好地解释在格拉维特时期的人像为何戴着帽子却赤裸身体。

线条和杯状体是人类最初使用的符号标记。符号学家让·莫里罗认为线条可以视作是组成任何形状的基础，并对其作出了清楚的阐释，将其称为"构成不同形体的最小单位"。莫里罗对线条的高度评价说明，线条虽然只是物体组织结构的一小部分，但它却具有巨大的影响力，而制帽业正是在线条强大作用的基础上产生的。制帽师丹妮丝·德雷尔在 1981 年出版了一本制帽指南。在书中德雷尔写到，在设计一顶帽子的时候，线条看似简单，其重要性却远超形状、质量、位置、密度、纹理和颜色等其他设计元素。德雷尔认为，线条会引起强烈的情绪波动并影响人的平衡感、运动感、方向感和空间感，"线条"的这种强大作用可以说明服装外观形态的重要性。服装发展历史中的一根主线便是其外观的变迁，这些种种修改往往是时代潮流变化的缩影。而帽子却与其他服饰不同，帽子的轮廓形态常常原封不动地保存下来。

此外，帽子的杯状结构也鲜有改变。杯状结构是人类最早开始采用的艺术设计形态，它的历史甚至比线条还要悠久。在印度，考古学家发现一块平坦的石头上有着半圆形的切痕，这条切痕较浅，却十分光滑，种种细节表明这是史前时期人类雕刻的结果。据测算，这块岩石有着至少 290000 年的历史，一些学者认为岩石上的切割痕迹甚至可以追溯到 700000 年前。杯状结构的设计理念可能源于对女性生理结构的模仿。在全球各地古老文明中普遍存在阴阳同行的抽象理念，这种思想来源于人类早期的生殖崇拜，体现在人类社会中便是异性伴侣关系的形成。帽子的外形设计也体现出这种阴阳协调的思想，为了贴合头部凸起的形状，帽子内部被设计成凹陷的构造，凸起和凹陷的契合在某种程度上蕴含着阴阳结合的观念。人的头颅是感知外物与孕育思想的器官，而帽子则是客观存在的具体物件，当人类充满智慧的头脑戴上一顶帽子时，帽子的种种实际、象征作用也为之所激活。这样一种现象也同样反映出帽子设计中阴阳结合的理念。

　　凹陷的帽子与凸起的头颅往往同时出现，两者的"共生"关系让帽子与其他象征符号（例如国旗）存在差异，这种差异性体现在帽子的象征方式与象征意义上。只有当一个人佩戴帽子时，它才具有具体的意义。帽子是用来戴的，一顶帽子要兼具生活和社会属性，因为一旦把帽子戴在头上，意味着一个人将稍纵即逝的快乐和亘古不变的传统紧密地结合了。因此，即便帽子不能位列最重要的服饰装扮之席，它也将在象征符号的"殿堂"中获得属于自己的独特地位。

　　学者约翰·贝恩斯在研究古人的表达方式与记忆能力时发现，人类的发明往往兼具实用性与美感，他举出了旧石器时代设计的精美的石斧和 290000 年前的混合颜料的例子来印证自己的观点。贝恩斯认为在文化交流过程中，对视觉效果的运用往往让人更容易接受某一事物或理念。他随即解释了注重美学的设计思路是如何在历史的变迁中传承下来的：人类历史上的重大发明常常具有精致美观的特点，这让它们在社会文化交际的过程中更容易获得更多的受众与支持者，也更容易留存下来。此外，贝恩斯还得出一个结论，早在远古时期，艺术表达与文字写作之间便有着千丝万缕的联系，这种联系甚至一直延续到之后的文明中，古埃及便是一个很好的例子。在研究古埃及文明的过程中，贝恩斯发现文字与艺术的结合体现在方方面面，甚至可以称得上是人类文明极为重要的文化核心。

　　人类发明兼具美感与实用性，这一结论也解释了具有设计美感的象征符号为什么往往能够与阶级等级、宗教信仰、社会群体、传统习俗、礼仪风尚产生联系。而帽子作为一种设计符号，能够代表社会中的不同角色与社会生活的方方面面。帽子同时也是具有美感的，帽子的设计过程中体现着对基本几何图形的运用，以三维的视角展现出圆形、矩形、三角形等不同形状。人们通过帽子的不同结构和形状来指代社会生活中的不同方面，并以此传达出强烈的潜台词，这样的表达方式有时可能尚未发展成熟，但都传达出极为复杂的信息，需要人仔细、认真地分析判断。

　　早期的无檐便帽现在已十分常见，它同时也传达出极为重要的信息，由其衍生出的筒帽也具有类似的特点。便帽是许多种帽子的祖先，例如圆顶礼帽和棒球帽就是圆形便帽的后代，旧式的女帽则是由贴头帽演变而来的。而让人印象深刻的锥形帽也是许多帽子的鼻祖，其中包括时尚新潮的汉宁帽、神秘莫测的女巫帽、具有惩罚意义的呆瓜帽、禁欲的西班牙尖帽和臭名昭著的三 K 党帽子。虽然这些锥形帽在外观上十分相似，但它们的含义却大相径庭，例如呆瓜帽意味着愚蠢和滑稽，而女巫帽却象征着预言与智慧。物品的形状也可以看作是其象征意义的来源之一，例如矩形作为一个表意符号象征着平衡，因此在某些情况下它也意味着判断与裁决，方形的市政广场和由四个基点组成的罗盘的设计便体现了这一思路。人们根据这一联想也设计了许多矩形的帽子，例如方正的学位帽、英国法官在佩戴假发时一同佩戴的黑帽、天主教神职人员佩戴的四角帽等，这些帽子都体现出了矩形所代表的"判断"的意义。对线条和图案的运用起源于旧石器时代，它体现在帽子的长、宽、高和具体形状的轮廓中，一直延续至今，这种思维在某种程度上可以说奠定了帽子设计的思路框架，现在我们仍然将智慧与学位帽相联系，将苦修者的帽子看作其虔诚之心的表达。

在人类早期的思想表达过程中，帽子起到了媒介的作用，它将具有象征意义的几何符号三维化、立体化，从而增强该符号所传达的信息。设计一顶帽子的形状往往从选择一个恰当的几何图形开始，例如从圆形衍生出球体、从矩形发展出方体，或是从三角形演变出锥体。平面的几何图形经过设计加工成为三维立体的物品，也因此变得更加形象具体，这一转变完美地诠释了"过程"一词的具体含义。一个几何图案的设计既可以看作是思考过程的具体体现，也可以看作是思考内容的符号表达。而由球体、方体、锥体等几何体所构建出的物体则在空间层面与时间层面都具有意义，从空间层面来说是这个物体本身的外观轮廓，从时间层面来说则是创造这个物体所花费的时间。金芭塔丝据此提出一个有力的观点，即人类复杂的哲学思想，早在新石器时代大量运用于陶器和雕像的几何线条中就有所体现。在这些设计当中，体现出事物存在的不同状态，例如出现或是产生，转化或是改变，也能够体现事物对某一群体的从属性。人们很难从言语中分析这些不同的状态，而通过组织语言表达对不同状态的理解则更加困难，但线条对此类概念的表达却十分擅长。充满了几何线条设计的帽子也继承了这一重要功能，例如我们可以将尼日利亚的王冠看作国王与社群的代表。一个特定的群体若想保持完好、不为外界所破坏，则需要理解自身的"生命周期"，这一"生命周期"的概念在从属关系上有着许多具体体现：社群需要不断发展，其中存在着权力的更迭与人事的变动；社群应具有强大的凝聚力，让所有成员紧密地团结在一起。帽子便是反映这些抽象概念的客观存在，它可以很好地解释说明呆瓜帽、女巫帽和忏悔者所佩戴的帽子为什么都有锥形的外观却又传递出不同的信息。锥形帽既是一个群体认同感的来源，又能够作为该群体所扮演的角色的象征，由此而言，帽子能够传递有关其主人的种种信息，而帽子的不同设计则能够体现出人们对这些不同信息的思考过程。

智慧帽

种种学说将早在冰河时代的帽子与人的思考活动联系在一起，这样的现象足以体现帽子在思想领域的重要地位，因此也存在着帽子能够提高人智力的说法与相关传说（即智慧帽）。如今，我们能够在历史悠久的魔术帽中找到些许冰河时代帽子的影子（这些古老的帽子被人们看作智慧帽的原型）。魔术帽也被称为许愿帽，这种帽子有着积极主动与孕育创造的象征含义。和王冠一样，魔术帽也能够成为一个群体凝聚力的来源，因为它同时体现着神奇与平凡的意思。魔术帽作为一件客观存在的物品，它的设计灵感来源于世俗生活，比如说魔术帽的外形设计就借鉴了旅行者或工人的无檐帽和简易的软呢帽造型。在 17 世纪初的一部关于许愿帽的英国戏剧中，魔术帽被描述为一顶"粗糙的毡帽"；而在 19 世纪的格林童话中，它被描述为一顶"有奇怪属性"的"小破帽"。在许多故事中，魔术帽都有着类似的形象。

　　魔术帽与普罗大众的联系一直延续到现代。比如说，在魔术表演中魔术师常常戴一顶高高的帽子，人们常常认为它是上流社会所钟爱的款式，然而，这种类型的高帽却属于社会底层人民的着装。又比如说在《哈利·波特》中出现的分院帽，这顶帽子能够看到其佩戴者脑中的种种思想，它本质上是一顶破旧扭曲的巫师帽，这种帽子脏兮兮的，有多处磨损，上面还打着补丁。魔术帽与社会生活的联系至关重要，这是因为每当帽子将知识、发明、社会结构、神圣与世俗联系在一起时，都会在头饰的历史上留下浓墨重彩的一笔。由此我们可以推断，冰河时代的帽子在某种程度上像一个熔炉，它们铸造着早期的社会结构，因为它们将世俗社会与宗教神学联系在一起。这些帽子就像社会结构中的介质，反映着形形色色的世俗社会（劳动者）与神圣存在（神灵与其代表）之间的联系。魔术帽成了这种种联系的客观载体。

　　无檐帽是世界上最古老的头饰之一，早在冰河时代出现的便帽与早期的贝雷帽就有着和无檐帽极为相似的外观，它们都有着圆形的结构和贴合头部的柔软内衬。比佛利·奇科在她所撰写的《帽子百科全书》中指出，无檐帽（cap）一词的词根来自日耳曼语 haet，意思是 "小屋"，比利时语中的 cappan 一词也有着相似的意思，人们用这个词来表示"木板小屋或木屋"。根据这些词语的意义，奇科女士推测无檐帽在原始时代被人们视为一种遮盖物，其作用与建筑房屋极其相似。《世纪词典》的释义也证实了这一说法，这本词典将无檐帽与其他有着遮盖作用的事物归为一类，例如兜帽、罩子等，但在其中并未体现出无檐帽与建筑房屋的联系。虽然词典中并未体现两者的明确关联，但至少无檐帽的遮盖作用并非人们牵强的推测，毕竟 cap 一词的动词意义便是去遮盖某物。无檐帽（cap）一词派生自古语的 cappen，罩子（cowl）和斗篷（cloak）也衍生自这个词语。拉丁语中 capere 一词也与无檐帽有着一定的关联，它的意思是"采取，接纳"，无檐帽包裹人头部的作用便体现出相似的含义。cap 一词也有着隐瞒与欺骗的意思，在 19 世纪的英语俚语中这一释义十分常见。给某人戴上帽子 "set one's cap"意味着"欺骗不明真相的人"。"童帽"一词也有着类似的用法，在 19 世纪的英国街头俚语中，它可以用于指代赌博中的作弊行为或是诱饵，同时童帽也可以作为"欺骗"的代名词，它也在某种程度上与金钱有一定联系，人们常常用童帽来指代"破产"，因为破产的人在历史上的某一时期需要戴上一顶绿色的童帽来表明这一身份。

人们笔下的魔术帽往往可以用于隐瞒信息、迷惑他人。历史上最早的魔术帽是希腊神话中赫尔墨斯所佩戴的魔法毛毡伞帽，这顶帽子呈锥形，没有明显的帽檐，是当时劳动人民常见的头饰。这顶帽子可以让其主人隐身，也可以让他获得飞行的能力。赫尔墨斯是窃贼的守护神，他还负责将死者带往冥界，除去这些不令人喜欢的职责外，他也主管人世间的发明创造和文学写作。此外，赫尔墨斯还是旅行者的守护神，人们能从他所佩戴的宽边旅行帽来看出他的这一职能。在荷马所撰写的著名史诗《伊利亚特》中，赫尔墨斯将他的魔法毡帽借给了雅典娜，来让她在战场中隐藏自己的行踪。在《伊利亚特》中，人们将其称为黑暗与死亡之帽，其原因可能在于在当时，这顶帽子是由赫尔墨斯送给冥王哈迪斯的。从这一记载我们可以看出，赫尔墨斯有资格将自己的魔法帽送给掌管冥界的如此重要的神灵，这说明在他们两个之间，赫尔墨斯是更古老的神。赫尔墨斯这一形象的历史相当悠久，人们将他看作是一个时代的象征，早在荷马所处的公元前9—前8世纪前的1000年中，人们就将其看作是主管生育和繁衍的神明。赫尔墨斯的这一早期形象将生命和时间的概念结合在一起，将其定义为一个包括出生、衰老、死亡、重生四个阶段的循环，古希腊人将这种循环称作一个时期。时期的概念通过生命的兴衰体现出时间流逝的现象，这种衡量的方式比"年"等固定的时间单位更加灵活生动。因此，赫尔墨斯也是一位与生命、时间等概念有着千丝万缕联系的神明，人们也应当看出在古希腊文明中，赫尔墨斯的魔法毡帽有着与时间和生命相关的联系，即使许多相关的神话传说已经失传，但人们仍可以通过它们所描述的人物形象与其外观特点分析出这一联系。其他两位古希腊神话中的神明也曾佩戴过这一标志性的魔法毡帽，他们是对双胞胎，名叫卡斯托耳与波鲁克斯，合称狄俄斯库里兄弟，据传他们诞生于一个蛋中。心理学家卡尔·荣格认为这对双胞胎同样代表着时间，因为在相关的神话故事中他们分别是死亡和永生的代表。之后，荣格进一步解释了神话

▷
古希腊神话中的赫尔墨斯是魔术师，他掌管发明创造、文学艺术、旅行和时间，赫尔墨斯常戴一顶看上去很普通的伞帽，其实这顶帽子具有魔力。

故事中这对双胞胎出现的原因：他们出生于象征着生命的蛋中，代表了人的意识从无到有的过程。通过对两位神明的塑造，人们开始将魔法帽与人的意识和认知联系在一起，在之后的许多关于魔法帽的故事中，这种联系还会反复出现。有关魔法帽的种种神话传说可能说明了早在旧石器时代，帽子的出现已经代表了人们对于时间与思考的认知，这种联系甚至延续至今，因为帽子既代表短暂的时间（人佩戴帽子的时间是有限的），又是永恒的象征（帽子作为社会结构的体现永久地记录在历史中）。魔法毡帽所代表的时间与意识的联系，也体现在历史上记载的许多许愿帽中，这种联系与速度、欺骗、隐瞒、知识等主题一同，为魔术帽赋予了独特的意义。

在之后的数个世纪里，欧洲地区有着许多关于魔术帽的传说故事，在这些故事中，魔术帽往往具有思考的神奇能力。《尼伯龙根之歌》是一部撰写于 11 世纪的北欧文学作品，这部作品以口口相传的故事为灵感来源，以宏大的叙事与复杂的情节为特点。在这部作品中有一顶神奇的帽子，人们将其称作塔因头盔（或称魔帽斗篷），它能够指引故事中的英雄人物，最终让他们了解自然世界的奥秘并听懂动物的语言。在 16 世纪的德国，有关福徒拿都的传说故事也体现出了魔术帽相似的神奇之处：它能够让其主人获得更强的认知能力。这些故事曾经以口授的形式流传下来，并在 1509 年于德国匿名出版。托马斯·德克尔以这些故事为基础创作了英式戏剧《福徒拿都通史》（1599 年）及其后续版本《老福徒拿都的快乐喜剧》（1600 年）。这些故事和戏剧大受欢迎，它们得以大量出版，被翻译成各种语言传至各地，并在荧幕上大获成功。直到 18 世纪，人们还十分热衷于福徒拿都的故事。

福徒拿都的故事从某种程度上反映出了 16、17 世纪西欧商业经济的蓬勃发展。这则道德寓言故事主要描写了一个穷人逐渐成为富商的历程。福徒拿都有一个能够不断填满的神奇钱包，他结了婚，并有两个儿子。他在旅行过程中不仅建立了一条条有利可图的贸易线路，还偷了一顶"许愿帽"（这是从一个苏丹人那里偷的，表明其生意已经扩展到了东方世界），这顶帽子使他能够瞬间从一个地方飞到另一个地方。福徒拿都只痴迷于许愿帽能够带给他的金钱，而他的小儿子则认识到了许愿帽真正的价值，在濒临处决之际，他惊叹许愿帽能够给人带来无穷的知识，而这才是真正的财富，福徒拿都的这个儿子感叹道：

▷
这是一幅描绘 16 世纪传说故事福徒拿都的插画，商人福徒拿都偷走了魔术帽并借此飞出窗外。

"我的帽子里有……知识"，并意识到帽子可以给他带来"经验、学识、智慧和真理"。在德克尔的戏剧中，许愿帽能够传送其主人到各个地方。而在特定的情景中，这顶帽子有着更强大的能力。戏剧中的"许愿帽"参与了欺骗和运输活动（福徒拿都偷了帽子并借此溜之大吉）。但这一戏剧最终揭示了许愿帽的作用应当是提供知识与智慧，在故事中，这两者都与速度、偷窃和旅行的主题相关。

福徒拿都的许愿帽与赫尔墨斯的魔法伞帽有着异曲同工之妙，有人认为，这些相似处并不是体现在两者都叙述了关于旅行和财宝的故事，而是两顶帽子都能给人带来更深层次的思考与无尽的知识。这些帽子的特点也反映出赫尔墨斯专注于思考与认知的形象本质。赫尔墨斯是偷窃高手和善辩高人，所以是盗贼都祭拜的神祇。赫尔墨斯也代表着生命和时间的历程（例如一个时代的兴衰），从这个方面来看，赫尔墨斯的神力保障了各种艺术作品稳定的产出。

研究学者在分析福徒拿都的许愿帽的过程中常常将其与赫尔墨斯的帽子相比较，因为两者都具有神奇、迅捷并带给人们知识的特点。一些学者认为帽子中所蕴含的知识成了这些故事的内核和这些帽子最重要的特征。例如，迈克尔·霍尔丹认为，许愿帽能够帮助人们快速旅行和获取知识的特点反映出其具有辅助思考认知的能力。他发现福徒拿都的许愿帽的神奇的运输能力能够帮助其主人更好地了解外部世界和人的心理活动。霍尔丹认为，这顶许愿帽让它的佩戴者能够像隐形人一样去体验他人所无法享受的特别旅程。

比利时剧作家莫里斯·梅特林克于 1908 年所撰写的剧本《青鸟》中的一顶许愿帽也有着类似的能力。在此剧中，这顶神奇的帽子为两个孩子展示了物品与动物的灵魂，并借此让他们探索了奇妙的未知世界。《青鸟》在 1918 年由导演莫里斯·图纳尔改编成一部电影并搬上银幕，这部电影的服装设计师本·卡里将许愿帽设计成一顶带有野鸡羽毛的无檐便帽。这顶帽子的设计原型是 19 世纪德国的渔夫帽，这一造型与最早的魔术帽（即无檐帽）十分类似。此外，该许愿帽的设计既顾及了此类帽子的传统象征意义（即旅行者与农民的帽子），也反映出当代青年的穿着偏好。这些诸多的设计元素与设计理念让许愿帽将现实生活与超自然能力的界限模糊了。

雅各布·格林因整理并记录了许多传说故事而闻名，在他 19 世纪所汇总的德国神话故事中，魔术帽惊人的创造能力给人留下了十分深刻的影响。格林认为，"愿望"一词来源于北欧神话中的主神奥丁的名字。据记载，奥丁有着一顶能够让他隐身的许愿帽。格林认为，奥丁凭其神力处理事务与凡人许愿在某种程度上是一回事。为了证实自己的观点，格林指出，"愿望"一词有着动作的含义。人们发出这一动作的目的是找寻真相或是让自己渴望的事发生。此外，格林还指出，许愿与其说是空想，不如说是人们为实现自己的目标而进行的一系列创造活动。根据他的观点，愿望一词中包含着"融化、浇铸、给予、创造、修琢、思考、想象"等一系列能力，并因此代表着人的想象与观点在实践中转化为客观存在的这一过程。格林认为，"愿望"与"创造"是不可分割的，人在愿望的驱使下进行发明创造，正如同神明能够凭借自己的超能力创造万物一样。在格林眼中，愿望既是世俗的又是神圣的，愿望来源于人内心的欲望驱使，同时也是上帝赋予了人们这种独特的心理活动。有的观点认为，正如许愿帽能够帮助主人满足自己的欲望一样，愿望也意味着将人内心抽象的心理偏好在客观世界中具象化，这样的行为早在旧石器时代就已经出现，那时的人们以器物上的几何线条作为创造思维的体现，而帽子上的种种几何图案设计正是这一现象的完美体现。佩戴帽子这样一个简单的动作，将愿望这一创造过程与一个能够在思考过程中获得知识的人紧密地联系在一起。

　　可以说，帽子的诸多特征都是人的思想与认知的具体表现。魔术帽让主人能够快速旅行的能力与人灵活敏捷的思维有着异曲同工之妙，这一奇特的能力从侧面反映出人类思维的惊人速度。故事中出现的魔术帽为其主人打开新世界的大门并让他们探索未知的领域，而人的思维同样能够展现无边无际的想象空间。

　　这些联系说明，无论许愿帽是否具有神奇的超能力，它们都延续了冰河时代帽子的特征与作用——这些帽子都是人类抽象思维的表现形式。早在冰河时代，人们就以几何图形为基础来设计帽子的造型、表达自己的思想。如今，帽子仍然是知识与思想的载体与容器，它们好像一座剧院的舞台、一把开启思维大门的钥匙，或是一张等着人们去解读的字母表。旧石器时代出现的线条图案成了人们创造文字的基础符号，而通过阅读由文字组成的篇章，人们可以获得其中的知识与思想。在阅读过程中，读者仿佛可以跨越时间与空间的障碍，身临其境地去感受作者的内心世界，体验一次看不见、摸不着的思维之旅。

▷
这是一件制作于 10 世纪的人物雕像，刻画的是北欧神话中阿萨神族的众神之王奥丁。这位神明戴着一顶伞状魔法帽，它能够让奥丁获得无穷的智慧与隐身能力。

　　就像魔法帽一样，人的心灵既可以隐藏自己的想法，也可以显露自己的观点。人的思维疾如闪电，可以在不同的视角、不同的领域来回切换。人的思维十分灵活，可以借鉴他人的思想看法为己所用，因此每个人的大脑都是一座知识的宝库。魔术帽能够让它的主人突破"次元壁"的界限，进入人的内心或是超自然世界，这样的能力不受时间与空间法则的约束，并带来无穷的可能性。魔术帽能够让人看清世界的真相，了解其有限或是无穷的架构；魔术帽能够让人倾听内心的声音，更好地认识自我。人们日常所佩戴的帽子也有着类似的作用，它们是其佩戴者社会身份的象征——例如倾向于传统保守或是新潮前卫。同时，帽子的选择是人自我认知的反映，选择一顶合适的帽子是一个人个性的表达，也是人类共性的反映。

第二章

制帽的技艺与匠人

帽子代表态度。

——菲利普·崔西，著名制帽师

简·洛温在 1926 年为业余制帽爱好者撰写了一本名为《女帽制造工艺》的简易教程。在其中，她指出就算是初学者在设计帽子的过程中，也至少应当运用一定的技巧、保持敏锐的感知、进行精确的测算，让自己的作品力求展现出空间立体感，以及线条与色彩上的和谐（洛温女士将这几个要领称为"线条的基本原则"）。这些要领不只是创造线条的原则，也是设计一款帽子的基础。洛温女士认为早在遥远的过去，制帽业便已经体现出几何学的运用了，她强调制帽业是"几何学实际应用的一个十分恰当的例子"。为支持自己的观点，洛温举出了无理数 π 在制帽结构与分割不同空间等问题上具体运用的例子，而这两项事务是设计并制造一顶帽子的基础任务。洛温在书中详细描写了制帽工艺中运用几何学的过程来更好地向读者解释自己的观点。首先，制

◁

1930 年，英国南莫尔顿街一家名为"四十二顶帽子"的店铺张贴的女士帽子广告。

帽师需要制作一个数值精确的金属支架，这些支架由弯曲的铁丝组合而成，用于固定帽子的大致外观结构。之后，设计师会以铁丝框架为支撑制造出帽子的石膏模型，然后他们会以石膏模型为基础再复制出一件木制模型和一件钢制模型。最终，制帽师会用钢制模型将经过淀粉处理的湿布料压成一顶帽子的形状。洛温所描述的这一过程基本上是制帽工艺的步骤，这些工序在手工制帽、成衣加工、标准化生产与高级定制的制帽服装行业都十分常见。在刚刚开始设计帽子形状的时候，制帽师们会使用可塑性强的（通常是有机的）材料（如稻草、毛毡或纺织品）。此外，设计师个人技艺的娴熟、模具与其他工具的齐全，以及完善的工序流程都是制作一顶帽子必不可少的条件。在洛温的书中，读者可以领略制帽业从手工制作到工业标准化生产的变迁，在这一发展历程中，制帽业既有着天才的设计和令人惊叹的革命性的创新，也受到了疾病、奴隶制和偏见歧视的负面影响。

女帽的设计与制造有着一段漫长而曲折的历程，且持续了多个世纪，虽然有时会诞生唯美的设计与作品，但这一进程常是困难重重。与之相比，男帽的制造历程可以称得上是一路坦途。在中世纪的欧洲，制帽业是日用品经济的核心，这一产业是当时商品经济的重要组成部分，在大大小小的经济体中普遍受到人们的重视。从 12 世纪到 16 世纪，欧洲制帽业发展出不同的团体，例如工会、协会或公司，由于这些生产组织常常专精于某些特定帽子的制造生产，制帽业的各种核心技术元素也整合流入了各个生产团体。这些被称为"大公司"的帽子生产组织能够在极大程度上影响整个行业发展的风向，例如纺织品商人组织、同时出售帽子与斗篷的缝纫品店和纺织工等团体。
这些处于产业前沿、有着极大影响力的生产组织在城市治理过
程中也有着极大的话语权。其他一些生产组织可能体量没有那

◁
不同阶段制作男帽的
工人（1568 年）。

么庞大，但在行业中仍占据着重要地位，例如对毛皮进行加工制造的皮匠、对布料进行染色的染匠，以及由进行缝纫工作的织匠组成的团体。这些团体对其所选用的材料的质量与劳动力成本有着严格的标准与规范，而直到 18 世纪末工业化大生产兴盛之前，这两个方面的标准一直是产业相关法律重点关注的对象，这些严格的规章制度让熟练的技术工人和生产资料所有者受益无穷。从事相关产业的工人基本上都是男性（例如毡工），他们在生产过程中有着主导权，并因此能够决定产品的质量。这些工人可以通过市场需求的变化来灵活调整自己工作的时间，他们也可以决定生产一件产品花费多少时间，或是在特定的时间范围内生产多少产品。每一件产品的成色与质量都是由其原材料的品质与生产工人的技艺熟练度决定的。这些产业工人们能够通过协商来确定其工作量的大小，在协商过程中，工作时间是需要重点讨论的因素。例如，一顶普通的毡帽可能需要 12 个工人花费 9 个小时来完成，因此这些工人可能会拒绝在一周之内制作超过 10 顶毡帽。在中世纪，这种将劳动所需时间作为产品质量衡量标准的做法十分典型。

除去在生产过程中的极大自主性外，制帽业的男性工人的权益也得到了极大的保障。这些工人在公司中的重要地位让他们的工作与收入十分稳定。根据当时的法律规定，这些工人的工作场所不允许生疏的工人或是不相关人员进入，此外，在市场上原材料的质量也受到严格的监管。此外，许多制帽业的工人联合起来成立工人组织来进行维权，这些组织能够在工人利益受到威胁时有效地与城市政府等国家机关进行谈判。然而，与这些男性工人

相比，妇女的权益却很少受到维护。一些女性工人会在纺织与服装行业从事工作，甚至在诸如缝纫等行业及人造花的制作和修剪等专业性工作方面，往往只有女工参与生产，此类工作的一大特点是熟练工人与业余工人会一同参与生产。由于这些女工的专业技艺各不相同，她们不能获准加入某一特定行业的公司或是工会。然而，早在 12 世纪，女性工人却可以加入专业的纺织工会，例如纺纱业的工人工会。从事其他行业的女性也可以加入相应的生产工人组织。从事丝织业的工人在当时基本上都是女性，此外，在意大利、法国和英国都有着成员皆为女性的工会存在。女性工人还在一些例如用金属线和丝带制作的装饰品加工制造业中占主导地位。此外，直到 17 世纪，女性工人一直是羊毛染色与刺绣等行业的主要生产者。

　　这些行业从 18 世纪末开始变化，那时的制帽业已经分割为男帽制造和女帽制造两个分支，其中男性工人几乎只做男帽，而女性则主要从事女帽生产。随着贸易的扩张与发展，社会上公有制与私有制的观念也逐步产生，这些观念意识给制帽业的生产活动带来了巨大的变化。这两个行业的工人都忍受着恶劣的工作条件，却也都在社会上获得了一定的名誉与公众的认可，直到 20 世纪，公众仍对制帽业的工人有着较高的评价。男性制帽工人在一个经济中的核心产业从事生产工作，而由这些工人组成的工会也自始至终因团结和为劳工权益而斗争的决心而闻名。而女帽生产却与之不同，这一行业处于经济运行的外围部分，它不得不渗透进经济体系里核心产业的业务领域中来保证其发展。此外，虽然女帽生产能够带来极大的利润，但是这一产业的发展却面临着极大的困难。女帽生产这一行业由女性主导，能够带来丰厚的收益，也为相关从业者带来极大的社会影响力。这一新兴的力量威胁到了现有的既得利益组织，以至于当时的社会风气对从事女帽生产的女性工人带有一定的偏见与歧视，这一身份常常与一些负面评价和社会弊病联系在一起，例如消费主义、人类掠夺或是国家的堕落。

　　在 18 世纪，工人的工作环境介于现代风格与中世纪风格之间，他们的工作场所因当时全球经济的巨大变革而进行调整，这一改变也对制帽业造成了一定的影响。17世纪末期，亚洲棉等一众廉价的商品在世界市场流通，这一现象导致国家间关系发生重大变化，并影响了当时在商业经济中占主导地位的纺织业的发展。这一现象也为当时的商业发展开辟了一个全新的领域，大量的新兴产业（例如制帽业）开始涌现，这些产业利润率极高并在这一时期得以迅速发展。

这些变化产生的影响是革命性的，一场被称为"消费革命"的运动因此兴起，其重要性不亚于工业革命。"消费革命"由品味和时尚两个因素所主导，而不是简单地反映买卖这一行为。此时商品的价格极大程度上由买者的偏好所决定，而这种偏好常常发生变化，这种不确定性成了市场波动的一大原因。旧有的基于中世纪模式的社会制度也受到了商品经济的影响而发生改变，之前的社会阶级、较小的生产规模与资本的性质也随之发生变化。在这一阶段，男帽产业相对停滞而女帽生产则得益于社会变革而快速发展。男帽的生产一直在朝着现代化的方向发展，这一产业有着成熟的生产组织、专业化的劳动分工、精良的生产工艺、完善的工种等级，它能够利用全球的资源和市场且拥有广泛的客户群。在这一时期，女帽行业的发展也有了一样的便利条件。

监管法律规定，制帽业的生产组织应当根据客户的需求进行定制，这一方案直到18世纪还在实施。然而早在14世纪，欧洲地区会预先制作帽子进行售卖，即所谓的"库存出货模式"，在一些街头集市上人们可以找到大量的已经做好的男帽，但制帽业的行会对此类未经监管的生产销售行为不以为然。这些预先做

▷
有鲜艳的丝带装饰的帽子引人注目，这幅时髦的女性肖像画出自法国画家莫尼尔·让·洛朗，绘于 1790 年。

好的帽子的制造与销售在当时也受到了极大的限制，因为从 12 世纪开始，欧洲的一系列节约法令对纺织品的买卖与公共场所的着装进行了严格的限制。在大多数情况下，此类节约法令对特定服饰与奢侈品的限制是为了控制市场价格与进口量，此外还有一个更深层次的原因，即在经济层面同时对富人和穷人进行阶级上的约束与控制。通常来讲，这些节约法令由地方政府出台，在极少数情况下也有全国范围内的相关法令生效使用。

这些法令中最著名的一条于 1300 年出台于法国，当时该国的高等臣民受到约束，强迫他们在公共场合遮住面容。这条法令对制帽业的发展也产生了影响，因为它导致了当年一系列的宫廷风尚，例如人们对汉宁帽的喜爱。此外更深层次的影响在于，这一法令催生了前所未有的追求时尚外观的运动。自古希腊和古罗马时期开始，西欧的男女都穿着款式简单的"T"形长袍（古希腊和古罗马人穿的一种长度及膝的无袖外衣，有长有短），但在 14 世纪初，法国宫廷对服饰的要求不再仅仅是方便或实用。人们开始选择美丽优雅的服饰，希望穿这样的衣服能够提升自己的气质。这样的社会思潮也导致了衣服外形轮廓的变化，它们开始变得更加紧致修身了，随之而来的则是各种不同的穿搭潮流。历史学家认为这一时期是现代西方时尚文化的起源，因为从这时开始，穿衣不仅仅是为了包裹身体，也是为了展现自己的风格与个性，两者几乎一样重要。

禁奢令有着极强的针对性，这些法规会限制特定高端材料的使用，例如毛皮、丝绸、染料或华丽的高端纺织品，这些材料确实可以使用，但即使对于富人来说，在用量上也有着极大

的限制。同样，一些节制法令也可能会完全禁止一些高端材料
的使用。此外，还有一些商品只允许追求时尚的富人阶层消费，
其他社会阶层的人却不能进行购买，仆人往往只能选择单一的
深色羊毛作为自己衣服的布料。在特定的场合，即使是节假日，
人们也只能佩戴某些特定的帽子。裁缝和缝纫师也不能用量产
衣服的面料或是旧衣物来缝制新着装。如果没有特定的许可证，
商人不能售卖自己的商品。从社会的阶级结构与时尚潮流的视
角来看，节制法令与其说是公民法的一部分，不如说是在道德
层面对人的约束。宗教敕令也会对特定的服饰、风格或是高端
材料进行一定的批驳或是限制，但这种限制措施也会发生变化。
位居中央或地方的神职人员可能会认为一种服饰有伤风化，但
在几年后又改变自己的观点，认为它是正常的着装款式，再之
后又可能想出些别的理由来限制这种风格的流行。值得一提的
是，这些节制法令因为难以执行监管而常常遭到违反，即使是
奴隶、仆人或是那些受到政府严格控制的人都有可能会无视这
些法令而进行购买。

    18 世纪廉价商品的大量涌现，导致中低收入阶层的家庭可
以买到成本低而色彩、图案丰富的纺织品和装饰品。此时人们
常常用不同时尚风格的穿搭来表现自己的个性，这样的现象在
中低收入的人群中十分常见。进口商品的大量出现并不是唯一
改变当时欧洲市场的因素，一些奢侈品的仿制品，例如产于欧
洲的模仿印度高端织物的面料也开始参与市场竞争。受到价格
冲击的羊毛、亚麻的进口商开始尝试说服政府禁止对这些低价
商品的进口，但是尽管禁运能够持续长达 50 年，这些廉价品的

贸易仍然在持续。

在这一时期，节制法令也相应地受到削弱。但随着关税的降低，产业工人的权利也被削弱了。从某种程度上讲，新兴的廉价商品贸易开始让人们不再关注国内工人的技术水平和工作条件的好坏了。国际贸易开始逐步影响工人的未来，对贸易往来的关注取代了对工人工作环境和产品制造标准的重视。男性制帽工人们也受到了一定的冲击，因为工人内部持续不断的冲突与分歧破坏了工会的凝聚力，这些矛盾又往往得不到解决，一个领域的冲突甚至又引发了其他领域的纠纷，再加上企业主支持的破坏罢工的法律出台，工人集体的力量最终土崩瓦解。

与制作男帽的工人所面临的窘境不同，新的贸易形式和消费主义的兴起让女帽制造行业与女性工人获益无穷。在这一行业，消费者个人偏好需求能够导致产品生产成本的调整与售卖价格的变动。此外，在环大西洋的国际市场中，对女帽的需求进一步扩大，女帽市场变得更加广阔。由于女帽上常常有丝带、羽毛等装饰物，而这些商品又是当时进出口贸易的热门商品，因此女帽产业的兴盛离不开国际贸易的发展。此外，女帽的功能作用也更加多元，它们可以帮助女性提升气质、彰显个性，或是遮盖她们没来得及清洗的头发。此时的女帽对女性生活的影响变得更大了，因为它不仅仅是一件衣物，更是风格与品味的象征，女帽功能上的变化是这一产业利润丰厚的部分原因。虽然一顶简单的帽子很便宜，但附加的装饰品大大地提高了帽子的价格，一顶系有丝带的华丽女帽的价格常常能达到一顶男帽的四倍。

女帽制造业

"女帽制造及销售业"（millinery）一词是"米兰"（Milan）一词的派生词，米兰是意大利北部的一座城市，在 15 世纪，这座城市因其所生产的丝带和装饰品而著名。一些游商（大多是男性）会将米兰生产的这些商品卖到各个地区，销售这些米兰商品的旅行商人统称为"米兰人"。由于这些装饰品是女帽制作过程中的关键材料，而在男帽生产中却很少运用，所以人们把这些米兰生产的小装饰品与女帽联系在一起，延伸出 millinery 一词来指代女帽产业，同时也形成了专门从事女帽生产的匠人（milliner）。这一系列"米兰"的衍生词的意思在历史上发生了多次变化，起初用于指代贩卖米兰装饰品的男性，之后又用于形容他们的商品——女帽，最后又指代制作这些女帽的女性工人，这是因为到了 18 世纪，女帽业越来越多的由妇女经营并主导。

起初，欧洲服装行业的女性工人的联合导致女帽制造真正成为一个职业。直到 17 世纪末期之前，大型工会都不允许这些女性的加入。一些对于现代城市来说至关重要的工种都受到工会的保护，例如毛皮匠和漂洗工，这些人的技术与日常生活息息相关，因为他们能够上缴高额的税金，因此由他们组成的工会与公司可以就工人的合法权益进行谈判，以此来保护商业秘密、获得更多净利润及其他好处。没有工会，女工们不知所措，尽管她们已经是计件生产和缝纫工作的主力，而且令纺织业和缝纫业欣欣向荣，但并没有像布商工会这样强大的工会为她们负责。

在路易十四统治时期，法国是欧洲的时尚之都，这里出产的奢华面料和配饰是国家财富的重要来源与提升国际地位的关键因素。纺织业及其产品对法国综合国力的重要性体现在社会的方方面面。在 1675 年，法国的男裁缝尝试将女性挤出他们所处的行业，当时的法国政府由此认识到了女性工人在整个产业中的作用与地位。女性工人基本垄断了定制女装与童装的行业，因此在服装业中有着极强的控制力，她们的社会力量不容忽视。因此，在 1675 年法国颁布了一项法令，要求工会组织整合吸纳相关产业的所有劳动力，女裁缝们也因此有了属于自己的工会，而法国政府也能借此机会控制削弱男裁缝自 14 世纪开始就十分强大的社会影响力。在当时有诸多复杂的新事物出现，其中与服装产业极为相关的一项是新出现的"风格"概念，这一观念的产生是由于 14 世纪时有法令要求社会地位较高的人在公开场合遮盖他们的头部，这一法令在宫廷里掀起了一股追求时尚的风潮。当时的裁缝还主要都由男性组成，他们发现了其中的商机，并接管了这利润突然变得极高的缝纫业务。这些男性裁缝们自诩为完美的专业人士，他们轻视以家庭为基础的女性针线工，并且垄断了这部分业务的高价收入。但在三个世纪之后，女性从业者也拥有了自己的工会，这一变化让男性裁缝们挤兑异性竞争对手的努力失败了，同时也对整个行业的发展产生了十分深远的影响。由女性组成的行业工会在法国迅速发展壮大，整个工会接纳了数万人，其中甚至包括了学徒工。在 1776 年，法国短暂解散了本国所有的工会，但在这些组织恢复运行的时候，法院要求他们都接纳妇女作为自己的会员。

　　在法国，那些售卖米兰丝带的商人被认为是高档品的卖家，或被称为"时装商人"，他们将纺织品和装饰物卖到各地。到18 世纪末，女性也进入了这一职业，成了女性时装商人。在服装业开始允许女性工人进入工会之后，这些制帽女工便开始与时装商人们结盟，但各国往往禁止时装商人成为一个专门的职业。在 18 世纪 70 年代末期，男性和女性时装商人都拥有了属于自己的工会，这些工会里有着制造或是购买各类时装服饰或是装饰品的人。这时的女帽行业由女性工人占主导地位，这是因为行业里的工会对于头部和肩部服饰（例如帽子、披肩、斗篷和其他头饰）及相关装饰品的售卖有着极为严格的限制。在当时，工会不是女工唯一的立足之地。因为服装配饰在当时大受欢迎，所以这些商品受到消费者的喜爱与重视。装饰品的使用及轻质面料和各种染料的出现，让人们的穿衣风格发生了极大的改变，并迅速把新风尚推广至全社会。这一现象让时装商人在服装产业的地位得以进一步提升，他们有着稳定的产品来源，并成为这些新服饰流行一时的主要推手。在这一时期，奢侈品与廉价仿制品充斥着多变的时装市场。丝带和配饰的需求十分稳定，它们的广泛使用也在一定程度上让人们的穿搭选择更加多样化。在服装材质和颜色日益多样化的前提下，人们可以通过增减配饰来个性化地定制他们的衣物。在 18 世纪中叶，一些处于行业前沿的时装商人甚至在他们的工会组建之前就已经有了足够大的名声与信誉，能够在同一条繁华的商业街与专卖纺织品的商人进行竞争。到了 18 世纪末期，节制法令的限制逐步放缓，女性消费者的数量也不断上升，这使得女帽产业的发展逐步稳定，并成为一国经济中必不可少的一环。

随着商品经济步入消费主义阶段，人们开始对不稳定的社会结构、产品结构的调整、资本在市场中的力量及国际经济导致的权力中心改变等社会问题感到担忧。此时的女帽生产是女性能够自主运营并获利的最大的产业之一，而女性在金融领域前所未有的地位也让既有的市场体系发生了一定的变化，尤其是女帽工人群体的壮大成了市场变动的一大影响因素。这些领着低额薪水的女工之前并未接触过时尚，而如今的她们每天穿着鲜艳的服饰，成了社会结构松动的一个缩影。消费主义在当时受到人们的广泛欢迎，却也遭到了一些质疑，因为传统的劳动观念突然间已经不再适用。尽管两种布的制作时间相同，但流行的款式的价格远超其遭到冷落的竞争对手。在中世纪，制作产品的劳动时间决定产品的价格，但在消费主义的影响下，如今人们的品味开始左右产品的价格，而这种偏好和选择却无法量化，它是极不确定的。消费主义与其带来的影响是捉摸不定的，这种影响甚至让生产产品的企业感到恐惧。虽然这种新业态推动产业高速发展，但当时的一些人却认为它破坏了国内经济的完整性。进口是一把双刃剑，它能够提供更多的时尚产品，却也有危险的一面，其负面影响集中体现在时尚产品的主要消费者——妇女与工人阶级身上。在过去，女性既可以作为卖家也可以作为买家，而她们在时装市场的频繁买卖行为助长了当时社会上的厌女情绪，这种情绪集中到了女裁缝身上，并在数个世纪里一直困扰这一从业群体。消费结构在这一时期也发生了巨大的变动，造成这一变化的原因与其说是商业与经济的发展，不如说是为了迎合女性消费者的需求。在当时，一部分人认为女性消费者被隐喻为因饥饿而购买，这种购买欲有性别特征，被认为是贪婪的表现。这种联想让人认为女性的购买欲是不可抑制的。然而这种强烈的购买欲却与政治挂钩，人们将其看作威胁国家的一大因素，因为消费的欲望迫使国家依赖进口，像瘾君子离不开毒品一样。因此，对商业和阶级制度巨变的担忧被归结为三件事：女性、渴望、毁灭。这被解释为一种足以摧毁国家结构的力量，并摧毁任何卷入其中的人。

女帽业成为消费者性别化的替罪羊。这个行业的基础和核心是女性对装饰品的需求，因此许多从事这一产业的女性曾经有过做时装商人的经历，这让她们专注于装饰品的设计与售卖。但当时的人们普遍认为这些装饰品放大了奢侈品的阴暗面，因为它们并不是生活必需品却价格高昂。到了 18 世纪中叶，奢侈品行业不再意味着售卖几米长的丝带就能盈利，从业者需要在多种装饰品中寻求商机，而这些产品又往往是进口货。从事女帽制作相关工作的妇女们逐渐凭借这一产业获得了一定的商业与经济地位。

在 18 世纪的欧洲和美国，女性已经接管了时装加工制造业，而在 200 年前，这个行业一直由男性裁缝组成的工会主导。过去的女性制衣师和女帽匠常常被男性裁缝贬低为只能在家中缝缝补补的业余工人，而男性裁缝如今却面临着失去定制服装这一工作的压力，他们试图证明女性竞争者无法在越来越复杂的经济环境中立足。女制衣师和女帽匠往往有着类似的背景和经历，她们的技艺也常常是相通的，这些女性有着业界顶级的薪资水平，能轻松挣取普通裁缝的两倍甚至更高的工资。但是，时装设计（相较于平价衣物）这一技能却不是人人都能学会的，这些业界的成功女性也不是靠在家做针线活就能掌握时尚的秘诀，她们往往需要在市场上经过多年的实践与历练。这些帽匠和制衣师不仅有着精湛的手艺，常常也能写会算。虽然一个女帽匠的薪资可以养活一大家人，但这个行业的女性却常常是单身，因为这样她们无须考虑家庭的负担。

一些观点将时装设计和服饰制作产业看作是女性擅长的工作（而不是一场商业冒险），然而这些观点多半出于偏见和刻板印象而不是基于事实与推理。尽管女帽匠、女制衣师与男性从业者之间有着激烈的竞争与矛盾，但是决定一个人是否从事服装设计产业的因素不在于其性别，而在于其种族和阶级。虽然非裔美国男性在路易斯安那州的重要港口新奥尔良能够主导裁缝、高端纺织品进口与服装贸易等产业，但相同背景的女性却很少从事制帽等类似工作。许多工作不向黑人女性开放，她们在服装业的最底层从事最辛苦的工作，例如洗衣服。如果这些黑人女性设法实现了阶级飞跃，她们也会经营属于自己的店铺并吸引富有的客户，然而经营店铺对于这些女性来说也是一项很难掌握的技能。值得注意的是，女帽匠所从事的业务范围很广，不宜将这一整个群体简单地划分到工人阶层或是中产阶层中去。这些女性必须善于从事各个方面的工作，她们工作的复杂性不仅仅体现在与不同的客户相处，这些女帽匠还需要在由男性主导的经济环境下开辟出自己的道路，因此她们要学会与男性商人、雇佣工、银行家、征税人及其他有生意往来的男性打交道。

女帽制造业在 18 世纪与其他时尚相关产业一样，也是建立在社会等级相互制衡的基础之上。在这一产业中，现金很少充当交易的工具，当时的时装商人会从批发商那里赊购产品并以类似的方式进行赊销。这种以买卖双方信用为基础的经济模式在历史上饱受非议，因为在过去衡量一个产业成功与否的唯一标准是资金进账的多少。但人们逐渐也找到其他的标准和尺度来判断一个产业是否重要，例如它能维持多久、对经济的贡献如何，以及它是以何种形式运营的。这些标准是多样且复杂的，简单地以体量判断一个产业属于"小"产业很可能会忽视其稳定性给经济带来的好处。在业界，买卖双方声誉的好坏是由其信用等级所决定的，信用等级的高低会对从业者带来巨大的影响。当时多种信用评级方式将女商人描述为一群诚实守信、品德高尚、竞争力强的从业者，这也预示着她们所从事的产业的前景十分光明，因为诸如此类的品行在不确定的经济环境中是十分宝贵的。经营企业的女性往往经营规模相对较小的企业。比如，在美国还处于殖民地时期的时候，由妇女所经营的企业占当时所有企业的十分之一，她们主要经营旅店、酒馆、糖果店、沙龙、普通杂货店等，例如女帽的制造。在整个 18 世纪，女性经营企业的比例在某些地区甚至高达 40%。这些企业在当时仍披着"女性经济"的外衣，它们代表了多个行业和一个复杂的社会群体，可以得到足够的社会保障并赚取丰厚的利润，在国家的经济引擎中发挥着重要作用。从这个意义上讲，女帽产业在纷繁复杂的经济世界中保持着惊人的稳定性。战争的爆发、沉重的债务、国际贸易路线的变化、繁重的贷款、市场投机所产生的泡沫、流行病的蔓延及饥荒带来的痛苦等，都可能让人们失去工作、忍饥挨饿、负债累累。而女帽制造等行业却可以让从业的女性在可怕而混乱的数十年中仍保持稳

定的收入，这一点在欧美经济衰退的时期体现得尤其明显。就算
身处全国性的困难时期中，这些女工也可以迅速积累财富并在短
短几年内使其资产翻番。到了 18 世纪，女帽制造这一产业仍然
符合新时期经济发展的需要。

克莱尔·哈鲁·克鲁斯顿曾研究过法国历史上所存在的信贷
系统，她指出，时尚产品往往随着潮流的变化而变化，这使得它
们在信贷市场上（相对于现金交易）更加不稳定，也正是这一现
象给了 18 世纪的时装商人一夜走红的可能性。设计师的奇思妙
想与创造力过去是且现在仍是时尚产业极强吸引力的源泉。因此，
时尚产品的销路是好是坏很大程度上取决于其中凝结的设计观念
是否吸引人，在这个行业中，极具个人风格的创意甚至可以保障
一个品牌经久不衰，这一特点将其与谷物等具有固定价值的实用
商品区分开来。女帽匠理所应当地成了时尚潮流中最先走到聚光
灯下的群体之一，历史上第一个出名的女帽匠是罗丝·贝尔坦。
她是法国国王路易十六的妻子玛丽·安托瓦内特的私人帽匠和服
装师。

18 世纪末期是一个不稳定的年代，罗丝·贝尔坦带领女帽
产业走上了明星化、风格鲜明的成功道路。1773 年，年仅 23 岁
的贝尔坦女士在巴黎最繁华的街道之一的圣奥诺雷路开设了一家
华丽的店铺。她给自己的店铺起名叫"贵肖"，这是一家尚未得
到经营许可的非法店铺。贝尔坦是一个时装商人，其业务遍布全
世界。1776 年，制作和售卖时装、皮革、花卉的从业人士组建
了自己的工会，而贝尔坦的店铺甚至在这一工会成立前就开张营
业了。在她的店里，任何陈列的商品都是经过精挑细选并物有所

值的。整家店铺的布置十分奢华，且能给人带来舒适感。在当时，大部分商铺的橱窗都很小，而"贵胄"的橱窗却很大，贝尔坦的助手们也不像其他店铺柜台的店员那样穿着平价、朴素的衣服，这里的工作人员穿着十分艳丽的服饰。贝尔坦的商店如同一场由华丽服饰和奢侈装饰品组成的盛宴场所，她所销售的是一种服装风格，而不只是一件衣服、一副手套或一顶帽子。贝尔坦也是第一个为她的模特和店员们准备一整套凸显自己风格的服装的人。顾客不仅可以在这里买到期望中的一切时尚产品，也可以从工作人员的服饰中学到穿搭技巧。贝尔坦的店铺陈列方式、大号橱窗的摆放和华丽的产品等设计风格在城市百货公司成立 100 年前就开始提供类似的服务了。在 19 世纪 50 年代，巴黎的乐蓬马歇成了第一家这样的百货公司。在 19 世纪末，这些百货商店仍被视为现代化的象征，而生活在 18 世纪的贝尔坦却有着相似的设计理念，她的超前想法可以说领先了时代，十分可贵。制衣师和帽匠常常合作，达到一种相辅相成的效果，例如将衣服和帽子统一设计成套装，这些设计师也有着类似的工作环境和客户群。贝尔坦的"贵胄"商店便是基于这种合作模式诞生的，但不仅限于此，贝尔坦还改变了时尚，她的经营思路不仅推动百货商城的出现，也预示着未来会涌现一大批时装设计师、制衣师和女企业家。

贝尔坦出生于一个中产阶级家庭，她没有太多的本钱进行创业，因此起初贝尔坦在一家著名的女帽商铺接受培训，而她的天赋和创造力很快就显现出来。在贝尔坦自立门户之后，她就将自己的各种灵感转化为创新力量，并借此对上流社会的时尚品味施加影响。贝尔坦证明了自己能够克服宫廷里的种种困难，而且她不会轻易被吓倒。贝尔坦敢于直面严格而烦琐的宫廷礼仪，比如说她在面对皇室的辱骂时不会退缩，她也因此受到了上流社会的认可与肯定。此外，贝尔坦还有着一种超脱的幽默感，这种幽默感在她的作品里可见一斑。例如在一款时装产品里，头饰中装点的羽毛呈问号形状，这款产品因此得名ques-à-co（这是什么？），在当时，这种独特的设计吸引了时尚年轻女性的关注。在接触法国王后时，贝尔坦劝说她去定义时尚而不是跟随它的潮流。为了鼓励王后大胆尝试，贝尔坦没有给她呈上一件服饰或是一顶帽子，而是为她提供了华丽的丝带和布料供其欣赏，这也表明装饰品在当时已经变得非常重要。贝尔坦并不仅展示自己设计的服装，也展示服装的各种设计元素和零部件，例如不同颜色的珍贵的天鹅绒和花边，并将其进行组合之后展现其外观，这样的手段在之后成了乐蓬马歇的一种独特而有效的销售技术。

　　贝尔坦女士十分理解那些对时尚充满好奇的顾客，她的种种举措也体现出贝尔坦是当时处于产业和时代前沿的一个思想家。玛丽·安托瓦内特王后来自奥地利，她在法国的宫廷里受到上流社会的排挤，因此王后接受了贝尔坦大胆新潮的创意。贝尔坦对自己事业的热爱高于一切，她喜欢在消费者面前展现自己的设计灵感，她也十分热衷于在上流社会宣传自己的产品，贝尔坦的形象和她的事业十分新潮前卫，这让年轻的玛丽王后与其不谋而合，这个外乡人希望在巴黎证明自己并让反对和批评的声音彻底消失。贝尔坦对华丽事物的追求让著名的"pouf"发型（一种高髻、

△
让-弗朗索瓦·雅尼特在 1790 年左右画的罗丝·贝尔坦的肖像画，贝尔坦是法国玛丽王后身边的女帽匠，也是女装界的第一位超级明星。

蓬松的发型）应运而生，这是一种高达一米（甚至更高）的发型，或类似形状的假发（充当帽子的作用）。当时的许多女性和一些男性都接受了这种头饰风格，这种设计出于美发师伦纳德·亚历山大·奥蒂埃（他后来成为玛丽王后个人的发型设计师），但由贝尔坦将这种风格推向极致。由贝尔坦所设计的巨大假发面向整个宫廷市场，经由她手的作品往往都有一些小装饰品挂在假发上，例如帆船、人物、喷泉、森林等，这些设计在宫廷大受欢迎，在假发的顶端也有丝带和用草编成的扁平帽作为装饰，这种扁平帽的帽檐宽大、触感较硬、冠部较小，它在法语中被称为 bergère。

　　在假发上的各种装饰也起到了类似"八卦专栏"的作用，它们可能会揭示一些名人的丑闻或是作为一个标语牌来展示诙谐幽默的评论。这种如今看来十分疯狂的时尚是当时法国社会环境的一部分。在巴黎面粉价格上涨后发生了暴乱，一种设计于 1775 年、被人们称为"革命帽"的头饰应运而生，作为当时动荡社会环境的一个反映。在这种帽子上，由钢丝、纸糊、丝带等材料来描绘人物或是书写标语，刻画了当时发生的一些社会事件，例如美国独立战争和法国国王的身体状况。这种巨大、紧跟潮流的帽子将宣传与讽刺作用集于一身，它的独特之处在于将奢侈的消费文化与即时沟通、意见表达（通常是讽刺与调侃）相结合，这样的帽子不仅是一件服饰，同时也是对历史事件的生动记录。帽子的主人不仅能通过这一头饰来彰显自己的身份地位或是表达个性，还能够以此来呈现一条完整的故事线。18 世纪 70 年代末期，这些法国帽子就成了故事的讲述者。这种服

▷
18 世纪 70 年代中期，
玛丽·安托瓦内特宫
廷中流行的"pouf"
造型，它由夸张的发
型和一艘帆船形的帽
子组合设计而成。

饰风格实际上是为了将帽子的主人塑造成一个与众不同的人物形象，这种表明身份的功能是帽子自古以来就具备的特质。玛丽·安托瓦内特就很喜欢这种款式的帽子，她欣赏这种独特的服饰风格而且也将其用在政治生活中，因为这顶帽子不仅给了身材娇小的王后增高的效果，而且她也可以通过在帽子上作画或创作言论来表达自己的观点。

贝尔坦一改女性在时装产业默默无闻的现状，因为她的作品在艺术审美和商业价值两方面都大获成功。贝尔坦华丽的柜台上展示着面向女性的时装产品，她的艺术风格十分契合当时公众追求独特自我形象的潮流，这种潮流造就了一群乐于自我表达且敢于消费的买家。18世纪的女帽足够新奇、华丽，充满了个性的表达，一款款新产品不断颠覆着世人对于时尚的认知，而时装商人和企业家们则引领了这股时尚潮流。

在17世纪的欧美地区，女帽的设计与制造逐渐开始作为一个独立的行业出现（相较于过去这一职业仅意味着帽子上装饰品的生产），而女性则主导了这一产业，它对于女性来说也十分重要，当时的妇女往往会将女帽生产作为首选工作之一，而从事这一行业的女性可能会受到公众的非议，但无疑她们的社会地位是很高的。女帽生产常常能让女性过上体面、富裕的生活，并因此成为一大热门产业。在20世纪初，许多女帽店铺都是女性所有或女性经营的。尽管其中的许多人仍是单身，但需要养活一大家人的从业者也不占少数。一些女店主会有许多年轻女助手来协助工作，这些助手便住在她们的工作场所，这样的现象在当时十分常见，甚至一些大型店铺中有多达十人在此工作、居住。这些年轻的助手往往需要长达 7 年的学徒培训来成为熟练的工人,而这种学徒制度的历史十分悠久,早在中世纪就有迹可循。在英国,女帽生产对于女性来说是十分合适的行业,甚至富裕的家庭也会将自己的女儿送入女帽店铺中学习,而对于贫困家庭来说,送孩子去当学徒工是再常见不过的事情了。在殖民地时期的美国,女帽生产是和铸铁一样稳定的生计,一些孤儿常常会去当地的女帽店铺工作,有些孩子甚至年仅 7 岁。但是,无论在欧洲还是美国,女帽行业也代表着服装产业的一大阴暗面。那些精品服装店的前身往往都是血汗工厂,在 19 世纪时期,许多工人在阴暗的房间中像奴隶一样每天工作很长时间,他们工作的环境中充满了令人窒息的满是纤维的空气。

制作女帽有四个基本步骤——设计造型、构建框架、用布料覆盖框架和装饰环节,在整个程序中有着多工种的参与,大部分环节的工人都领着微薄的薪水,这些工人从学徒做起,慢慢地开始承担重要的角色,例如从事改良工艺、准备材料、设计制作、效仿借鉴或是装点美化的工作。在这一行业中,只有设计师和负责装饰的从业者才能赚取稳定而丰厚的薪资来保障自己的生活,其他的辅助职业,例如负责制作装饰品的工人,则只能从事十分辛苦的临时工作,一旦得到工作,他们就必须夜以继日地劳动。这些女孩们并不能得到稳定的收入,因为持续五到八个月的旺季让她们面临同行激烈的竞争,而在淡季,她们甚至会在长达五个月的时间内找不到工作。

当时女性的工作条件十分恶劣,就算她们怀孕了,也得在矿场、铁路或是建筑工地等工作环境中从事艰苦的工作,但与之相比，衣帽制造产业是更加危险的行业。1843 年的一位英国医生写道，正如"官方所证实的"，"没有任何行业可以比服装制造更加损害健康"，因为"这一行业的工时是最长的"。当时从事时尚产业的女性常常无法获得足够的工钱，因此人们常常能发现这些女工还要通过其他副业来谋生。在伦敦繁华的邦德街上做生意的一位女帽匠写了一封信来描述这一现象，这封信以《我们的白奴》为标题刊登在了 1857 年的一版《英国医学杂志》的头版社论版块，它谴责女帽制造产业的生产形式与奴隶制所差无几，女帽匠这一工种仅次于仆人和女裁缝师位列第三，但那些从事装饰品制作、安装的工人、缝纫师、布帽生产工人却基本占据了余下的其他部分，而这些工种都属于制帽业。

战争、通货膨胀和经济萧条年复一年地导致人们工资减少，甚至一些人会因此无法维生，许多人在日益恶劣的形势下慌不择路，选择一些危险的工作。许多贫穷的女性会选择做一些副业来维持生活，社会舆论对这一行业的负面评价也相对较少，因为人们普遍理解，任何人都需要尽可能挣取足够多的钱来谋生，而这对于当时的女性来说尤其困难。在 18 世纪中期，从 1756 年持续到 1763 年的七年战争给各参战国的社会经济带来了重大打击，英国、普鲁士及德意志地区其他国家、瑞典、葡萄牙、西班牙、俄罗斯，以及北非各国和英国在美洲和印度的殖民地都卷入了战火中，许多地区饱受战争的摧残。再后来，18 世纪末期爆发的法国大革命也产生了不少连锁反应。在 18 世纪 90 年代，法国农村五分之一的人口以乞讨为生。 在全国大多数人都受到战争等负面事件的影响时，女帽产业是当时人们指责的一大对象。贝尔坦所设计的时装店的大型橱窗曾经十分引人注目，但在动荡的社会时期，大多数时装店员都是贫穷的女性。

在 18 世纪，许多行业的女性都会通过其他副业来弥补收入的不足，因此当时独立创业的妇女——尤其是经营服装产业的女性成为人们非议的对象。温迪·甘博在分析当时的服装行业后指出，这种非议是人们因女性社会形象变化而产生焦虑的一个具体表现。

此时的裁缝店不仅仅意味着经营的产业，它也成了一个有特殊隐晦含义的"场所"。出于对女性形象变化的焦虑，人们对这一引申出新功能的"场所"持有不同的看法。到 19 世纪初，人们会将男女两种性别分别与"公共""私人"空间相联系，公共空间（如商业环境、公共部门、娱乐场所）偏阳性，而私人空间（如家庭）偏阴性。然而，许多女性经营的企业，却模糊了两者的界限，其中的一些企业甚至存在了数个世纪。这些女性所经营的产业——譬如女帽店铺属于公共场所，它们常常能为经营者提供稳定的收入来源，这让女性的经济地位得以提升，而由此引发的连锁反应却成了当时社会的一大难题。女性在衣帽制造业中有了属于自己的工作场地，也让自己所处的行业在经济中获得了一席之地。中世纪匠人们传统的工作场所在这一时期发生了重大变动，女帽制造也相应地发生了改变，这些产业的经营模式不再是简单的劳动与贸易的结合，而是逐步形成了全新的资本主义的运行方式。

女装行业的经济地位与工作环境都在不断地发展变化，两者之间的联系也日益紧密，产生这一现象的一大原因在于节制法令在历史上起到的在道德层面的约束作用。几个世纪以来，挥霍、奢靡常常与腐败现象同时出现。彼得·莱恩博指出，在英国卢德运动（始于1811年）期间，从事制毡工作的庄稼人、织布工等工人砸碎了新出现的机器，因为高效的机器生产取代了手工，让他们失去了工作，而在这一过程中，一种社会观念慢慢形成：人们赋予曾经的工作场所（例如逐渐消失的工匠工作台）一些特殊的隐喻，它们往往意味着变化，尤其是损失，这样的观念存在了很长时间。这种观念将特定的工作环境与相应的社会群体联系起来，对政治生活与社会文化造成一定的影响，例如它会影响社会舆论对女帽店铺的看法。当时的一种观点认为，女性从事工作的公共场所会让她们放纵自己的行为。类似的观点在那个时期十分普遍，由此也体现出当时人们对于消费主义的复杂观点：一方面它带动了经济的增长与国家的繁荣，另一方面却也对社会产生了不好的影响。

　　法国警察局第一分局局长C. J. 勒库尔在1872年对女帽店行业进行了调查，在他所写的书中得出结论："女裁缝和制帽师"所经营的不是时尚产业，这些女人打着"有利可图的时尚产业"的幌子，在她们的工作场所从事一些其他工作。勒库尔是一个执法者，他也相信那些女帽匠并不是从事时装产业的工作，也不是在一个正常的行业开展工作，这样的观点已经存在了数个世纪。这样的观点让人们不是把女帽匠的"店铺"看作资本主义的一部分，即金钱与物质产品（丝带、帽子）的交换场所，而是把它看作一个具有其他意义的场所，这样的场所会削弱资本主义（作为

△
约翰·科莱的画作《竞
争的女帽匠》（1770
年），他将女帽业描绘
成一个与其他行业相关
的产业，反映了他所处
的那个时代的偏见。

一个重要的社会进程）的发展，而女帽匠所经营的业务不再被看
作是可行的经济模式。

　　在维多利亚时期，女性工人、她们的工作内容和工作场所等
因素的道德评判标准更加模糊了，这一点在她们所从事的副业方
面体现得尤其明显，人们也开始选择性地忽视了身陷此类产业的
女性所面临的危害，此时她们所从事的副业对于女性来说是病态
的，更加地危机四伏，也更能体现出对女性的剥削。这一现象能
够体现在 18 世纪末的文学艺术作品中，那时的艺术家把公共环

境中女性的工作浪漫化，并借此对当时的社会环境委婉地表达自己的意见，人们把此类叙述描绘风格评价为"天真幻想与无情悲剧的奇怪组合"。在 18 世纪艺术界、政坛和社会舆论中，女仆、女帽匠、农场女孩、洗衣妇等女性形象往往被塑造成较为轻浮的角色，而不是困苦劳动人民的一分子。这种情况一直持续到 19世纪，在此期间，涌现出许多典型的文艺作品和社会观点，呈现出一位位"失足女子"的形象，这些虚构人物的经历往往进行了艺术化的处理。例如，小仲马在 1848 年完成的著作《茶花女》中的女主人公玛格丽特·戈蒂埃，她拒绝了自己的爱人阿尔芒并最后孤独地死去，只是为了让他免受其风尘女子身份的影响。而

◁
埃德加·德加表意模糊的画作《在女帽店》（1881 年）。

给玛格丽特安排生意的正是一位经营服装产业的女性。这样复杂矛盾的人物塑造在当时的文艺界屡见不鲜，其中以此类风格的开创者埃米尔·左拉和埃德加·德加闻名。

左拉是一名小说家，他十分关注工人阶级困苦的日常生活与低下的社会地位，他的这一观点态度让他成了文学界自然主义运动的领军人物。左拉所创作的故事中充斥着贫穷、暴力等元素，但他笔下的女帽匠、洗衣女工等贫穷妇女形象却几乎没有反映出当时的劳工问题或是工人运动的状况，即使相关报道在左拉所处的时代是屡见不鲜的。左拉十分关注法兰西第二帝国出现的种种社会问题，尤其是消费主义、新的机械化生产与城市化所造成的人性缺失等问题，他在自己 1883 年所写的小说中愤怒地对当时出现的百货公司进行了批判，左拉认为百货公司的出现导致"巴黎灵魂"的丢失和国民精神的沦丧。左拉笔下的一个个故事反映出当时存在的种种社会矛盾与偏见歧视。

左拉以现实中的百货公司为原型，在笔下创造出一个名叫"妇女的乐园"的大型商场。1852 年，一个女帽匠的儿子阿里斯蒂德·布希科对一家小型店铺进行扩建并进行了局部改造，开设了当时世界上第一家百货商店乐蓬马歇。到了 1887 年，这家百货公司占据了一整个城市街区。值得一提的是，乐蓬马歇是从一家小纺织品店演变而来的。经营此类店铺的是布匹商人，他们所处的工会在当时十分重要，从中世纪开始，人们就将布匹商人的店铺看作最能体现商品交易的场所，因为在这里讨价还价的买家和卖家数不胜数。相比之下，随着 18 世纪消费主义的兴起，出售帽子和装饰品的服装店如雨后春笋般出现，当时许多人认为服装店中的消费方式是对过去布匹店铺中直接、透明的交易模式的一种破坏，在传统纺织品店中，商品的价格是由其中凝结的劳动时间决定的。但服装店交易模式的转变也符合 18 世纪经济发展变化的趋势——随着物美价廉的进口纺织物和种类繁多的装饰品涌入市场，人们对此类商品的需求量也变得水涨船高，这就让过去按劳动时间衡量产品价值的传统、直接的贸易方式相应地发生改变。

　　在当时的法国，百货公司和女帽匠们都因其宣传奢侈品文化与奢华的生活方式而受到社会各界的褒贬。百货公司琳琅满目的商品、华丽巨大的橱窗无不引起人们对这种看似无意义的消费行为产生担忧，他们认为这种奢侈品的消费可能会对经济发展产生负面影响。许多人认为商品的陈列展示有一种神奇的魔力，能够让消费者情不自禁地进行购买。巴黎警察局长勒库尔认为，那些女性服装设计师所经营的业务具有一定的迷惑性，他们实际上打着女装行业的幌子来进行其他工作。左拉对百货公司的观点与之十分类似，他认为百货公司是依靠"隐藏"的商业逻辑得以运营、盈利的，左拉在《妇女乐园》一书中对百货公司大加批判，他所运用的言辞与社会舆论谴责服装产业女工的话语十分相似。按左拉自己的话来说，百货公司的存在"极为愚蠢"，它"入侵"了消费者的大脑，并以"狡猾"的策略使用"陷阱""引诱"其进行购买。就像社会舆论对女帽匠严加指责一样，左拉对经营"妇女的乐园"这一百货公司的男老板也大加批判，在他眼里，百货公司的老板采用"策略"，试图通过其"魅力"来"迷倒"女客户，并利用她"强烈的购买欲"来催促其进行购买。

画家埃德加·德加也对女帽匠十分感兴趣，女帽店、其店主和店里的助手常常是他描绘的对象。现如今的观众将德加的作品看作是当时年轻女孩制作、购买或讨论帽子相关话题情景的生动重现，但 19 世纪的观众却明白这些场景背后反映出的复杂矛盾的社会环境。和当时的很多人一样，德加的一大关注点在于新兴的女性消费者，但德加和其他对女帽产业感兴趣的画家都明白这些女帽店在公众眼中是怎样的存在。在当时，从事女帽业的女性（包括收入微薄的女性）很多都有着其他副业，两者之间千丝万缕的联系在当时已不是一个秘密。漫画、医学杂志等一系列出版物或是讽刺批判这些女性，或是描述其当时身陷的绝望处境。艺术家们知道，以女帽产业为描绘对象会给他们的画作赋予不同的含义，在当时，这些作品的买家可不只是从中看到一家单纯的女帽店。

德加对当时的女帽店有着极强的兴趣，并频繁地进出于此类场所（而不是由女性经营的其他场所），但在更深层次上，德加和其他像他一样的画家对这一群体产生了某种认同。德加 1881 年的画作《在女帽店》所描绘的是女帽店里的两个女人，两人形成前后站位，德加的画面布局与另一位画家约翰·科莱在 1772 年所画的女帽店十分相似，但德加却对女帽匠的艰辛生活有所掩盖。这种画作构思里的矛盾也反映了当时人们对新消费主义的复杂态度。那时的人们把女装产业妖魔化，认为这一产业中存在很大的争议，他们同时也认可这一高收入的行业对社会经济的贡献，这种复杂的态度就是公众因消费主义依赖进口而感到担忧的一个缩影。这种新的经济模式受时尚驱动，由女性主导，人们既担心它破坏国家经济，又需要它来增加税收并促进消费。

　　人们曾经对女帽匠的歧视逐渐转变成了对 19 世纪末期的百货公司的喜爱与咒骂，这也让消费主义潮流越发显得女性化。在当时所写的小说中，劳工问题和工作条件常常以故事背景的形式出现，但人们却很少将其作为故事情节的组成部分来品味。与之相反，公众却十分关注女性的工作条件与她们遭受到的不公平待遇，许多人都在公开讨论这一问题。在 19 世纪的欧美地区，许多进步人士、改革家、小说家和记者等人都对价格昂贵的时装产业和这一产业中的剥削现象感到愤怒，他们采取不同的方式让人们看到时装产业中工人恶劣的工作条件。伊丽莎白·斯通（她在 1843 年创作了《年轻的女帽匠》一书）和夏洛特·伊丽莎白·通纳（她在 1844 年创作了《女性之罪》一书）等作家以小说等形式抨击了当时时装业用工制度的黑暗。英国漫画家乔治·克鲁克尚克在 1846 年创作了一幅名为《巨大的牺牲》的漫画，这幅漫画精确传神地体现出当时服装业女工工作条件之苛刻。

　　然而要让女装产业的发展重回正轨也十分困难，在欧洲从事这些工作的妇女难以组建工会以维护自身的权益，或许是因为她们所面临的处境实在太差，或许是因为她们不愿与那些已经团结起来的男性工人进行合作。其中很重要的一个具体原因在于从事纺织业工作的很多女性都没有足够的专业技能，因此她们不符合大多数工会的标准而无法被吸纳。然而在欧洲，一些从事制衣、制帽、装订等工作的熟练女工在 19 世纪 40 年代也开始组建属于自己的工会。在美国，许多领着微薄工资的人在 19 世纪中叶再次遭遇降薪，其幅度甚至高达 10%，这一现象与其他的侵权

△
乔治·克鲁克尚克的
漫画作品《巨大的牺
牲》（1846 年），反
映出当时的时尚产业
是建立在血汗工厂对
女性劳工剥削的基础
之上。

行为成了当时一系列罢工活动的导火索。1877 年的大罢工从美
国东部地区开始，迅速蔓延至全国，许多产业的劳动者都参与了
此次罢工活动。在这一运动中，抗议的工人与被派遣去阻拦他们
的民兵之间爆发了激烈冲突，暴力事件和由此导致的恐慌在当时
随处可见，以至于几乎整个美国因此而颤抖，许多人担心这个国
家会陷入全面的混乱之中。

　　在 19 世纪末到 20 世纪初这段时间内，尽管全美各州都在
支持创办更多的公立职业学校，但女帽业的发展仍然面临着重
重困难。该行业由批发零售、工厂生产和商店售卖等部分组成。
原材料供应时常短缺、潮流的频繁变动、季节性工作导致的失
业问题、血汗工厂日益繁重的工作量及机器生产与手工制作之

间的矛盾与平衡问题表明，女帽业几乎不可能稳定地发展。正如1910年的一份报告中所说的那样，女帽业的发展十分"混乱"，从事生产的工人甚至都没有经受良好的教育与培训，因此标准化的生产模式在这一产业几乎不可能实现。此外，签署一份保障工人权益的合同在当时也是于事无补，因为这些工人的工作往往都是不正规的，他们在签合同的过程中常常会受雇主的欺骗与愚弄。

尽管如一位作家在1910年描述的那样，在当时人们将女帽匠看作女性中的佼佼者，但她们和她们所经营的店铺在20世纪仍然被视作是男男女女自甘堕落的推手之一。这一现象在社会文化层面常有体现，从电影等文艺作品到交流时所使用的日常习语中都可以看出当时人们对女帽业的复杂情感。威廉·温特在1918年写了一本戏剧家大卫·贝拉斯科的个人传记，在书中他以否定的语气将一个冒险的女性角色比作一个女帽匠。在1921年，意大利先锋派戏剧家路伊吉·皮兰德娄创作了一出名为《六个寻找剧作家的角色》的戏剧，剧中一位女主角叫佩斯夫人，她是一个女裁缝（这个职业与女帽匠十分相似）。皮兰德娄的剧情设置呼应了1872年的勒库尔局长的一个观点，将佩斯夫人塑造成一个"用出售长袍或斗篷为借口，诱骗贫穷女孩"的人。在1936年，著名导演乔治·库克将小仲马的小说《茶花女》搬上银幕，在电影中，女主角玛格丽特·戈蒂埃（葛丽泰·嘉宝饰）与给她介绍业务的中间人坐在一起，这个给她寻找业务的中年女性是一个女时装师。在电影的一个情节里，这个中年女性称赞戈蒂埃是她设计的衣帽的忠实客户，这一处对话立刻让观众明白了她在剧中所扮演的角色，这个中年妇女说戈蒂埃常来光顾店铺。在 1936 年，导演阿尔弗雷德·E. 格林拍了一部名叫《女孩》的电影，在影片中，一个女性工人（由女演员琼·布朗德尔饰演）尝试接近一个富有的乡下人，因为她不想在生产线上工作，而是想"修补帽子"。她暗示这个富人，如果实现她的愿望，她就能与这个富人在一起，这个富人后来照做了。两年后，在库克的电影《玛丽·安托瓦内特》中，玛丽王后愤怒地称杜巴丽夫人为"一个女帽匠"，观众们很清楚王后想表达的意思，因为这位伯爵夫人与国王有着特殊关系。在 20 世纪 40 年代的美国和法国的时尚界中，流传着巴黎的高端服饰制作工人与富人们之间有着特殊关系的谣言，甚至到了 60 年代，这种观点仍然盛行，在一些成功的商业电影中也存在着类似的表达和隐喻。例如在 1962 年的郊区性喜剧（这是 60 年代所流行的一种亚文化）《石榴裙下四少爷》中，金·诺瓦克饰演一位哥伦比亚大学的研究生。在影片中，四个男人的妻子怀疑他们的老公出轨，因此雇用了一名侦探去查清他们的行踪，这名侦探将他的账单伪装成在女装店购物的发票以骗过四个丈夫。类似的观点也体现在 1969 年的喜剧《俏红娘》中，这部电影的主角是两名女帽匠的助手，她们与企业家多莉（由芭芭拉·史翠珊饰演）这个精明的媒人有些交集，且因其身份而被来到女装店购物的两个小伙子看作轻浮的女人。"女帽匠"一词中蕴含着的负面含义进一步得以拓展延伸，成为一名"男性女帽制造商"同样被人看作不齿的行为，这样的偏见甚至在 20 世纪仍然存在，正如甘博所说，人们会怀疑从事这一职业的男性丝毫没有阳刚气质。

男帽匠

　　奥地利建筑师阿道夫·路斯于 1899 年撰写了一篇名为《男人的帽子》的文章，在文中他尖锐地指出，创造出不同风格帽子的不是女装设计师，而是一群男帽匠。路斯批判高档时装中充斥着华而不实的装饰品，如此奢华的设计导致了个人的腐化与堕落，路斯的观点同时得罪了消费者和女性群体，且贬低了装饰品在时尚行业的作用。路斯看待时尚业的态度和当时大众看待女帽匠的态度差不多，他把时尚比作遮蔽真实自我的"面具"。与之相对应，路斯对中产阶级男性所佩戴的帽子大加赞扬，他认为男帽匠是服装产业中十分重要的群体，正是这些人设计制作了功能性极强且能在本质上展现个性的各种男帽。

　　路斯挖掘了男性与帽子之间的深刻联系，因此他将男帽匠视为促进制帽业发展的骨干群体。男帽往往能帮助一个男人更好地展现他的魅力、能力或是信心，它是一个男人身份与地位的象征，而不是像女帽一样起到诱惑男性或是将其拒于千里之外的作用。男帽既能展现男性对某一群体的归属与认同，又能显露他的个性与自我。然而，戴帽子的男性往往显得十分相似，因为他们佩戴帽子往往只是为了体现其归属于一个更大的群体，他们可能是某一组织的成员、某一地区的公民、某一产业的从业者、某一收入群体的一分子或是某一阶级的一员。男人的帽子会彰显权威，但这些帽子的造型就算再平庸，也总会有人欣赏并称赞它们的设计，男帽也会承担着一些女帽所没有的象征作用。女性所佩戴的一些女帽和贴头帽在 21 世纪仍然是小众款式且不为人所熟知，而男帽中的软毡帽、高顶礼帽、常礼帽、棒球帽和平顶帽等款式则随处可见。

男帽产业在英、法两国得以发展壮大，且传到了美国，纺织业大多数的原材料都流入男帽生产的领域。毛毡是制作软呢帽和圆顶礼帽等帽子的基础材料，人们最早在公元3世纪第一次运用这种材料，自中世纪以来它一直是制帽业所运用的主要材料之一，人们将皮革、羊毛和水长期混合后就能得到毛毡这一材料。完整的制毡工序需要几十个熟练的男性工人和业余女工完成，他们需要在不通风的闷热房间里工作以生产毛毡。人们在制毡过程中将一些材料松散地堆起来，例如短羊毛纤维或是更常见的直接从兽皮上刮下来的皮革，之后拿一把弓穿过这一堆材料，以振动的弓弦来过滤掉灰尘，再将材料浸润在热水或是酒糟等粘附剂中滚动数小时——这种技艺名叫"缩密法"，以制作出或薄或厚的符合标准的毛毡，因为毛毡的不同质量体现在其不同的厚度和纹理上，再之后工人会将毛毡烘干，并用石头进行摩擦来让材料表面产生更多的绒毛，然后再对毛毡进行切割。在工序的最后一个阶段，工人们给毛毡进行染色，并使用阿拉伯胶来将其硬化，这种胶必须充分地融入毛毡中才能起到作用，因此这道工序十分复杂，对技术的要求也很严格。为了制作一顶帽子，工人会将做好的毛毡平铺在一个块状物上，反复地刷洗以初步制作出帽子的雏形——这又是一个需要学习的技能。通常情况下，女工会对这些刚刚做好的帽子进行修剪和调整。制毡业在西方经济的转型与世界市场的形成过程中发挥着重要的作用，它也是18世纪人们工作环境发生变化的一个主要原因，制毡业催生了欧洲人对北美河狸皮的巨大需求，那

时的人们发现这种皮革能够制作出闪亮且防水的毛毡，大量的
河狸皮出口为北美大陆带来了巨额的收入，这也让制帽业成了
美国殖民地时期最早（也是最领先）的产业之一，因为这一产
业不像服装行业的其他部门需要大量的进口材料，制帽业者有
充足的原料供应，在那时有许多帽子就是由河狸和其他动物的
毛皮制成的。

从 18 世纪开始，男帽匠们就团结起来为自己的权益而斗争
并因此有着不小的社会影响力。18 世纪服装产业的生产方式发
生了重大变化，在之后的 19 世纪里，劳资关系中又产生了前所
未见的问题，这些问题与变化在 20 世纪仍然在影响着服装产业
的发展。男帽匠们处理了一系列的劳动纠纷、积极地参与罢工、
在法庭上推动了许多判决的进行，他们还组建了工会并为工会成
员争取了种种权益，这些工人的抗争具有跨时代的意义。男帽匠
们为自己争取权益的历史，最早可以追溯到 18 世纪所采取的集
体谈判策略，这让他们成了所有工人中最团结的群体。在 19 世
纪的大部分时间里，美国爆发了一场接一场的暴力罢工活动，而
这些抗议的工人也相应地遭到了暴力的镇压（例如民兵的攻击），
因此在美国罢工的帽匠们很清楚自己面临着怎样的处境。他们在
1863 年首次举行罢工活动，三年后大部分的男帽匠都加入了工
会，由他们经营的店铺都采取了相似的策略，当然在男帽匠的全
国协会中，也有一些男帽商没有加入工会，当时这些人会被同行
看作是十分"肮脏"的。1884 年，美国羊毛制帽协会成立，在
20 世纪初，这种组织形式十分常见，即制作特定款式的帽子（例
如无檐帽）的工人和加工特定材料（如羊毛）的工人联合起来，

这样的做法和女帽匠们几个世纪以来所采取的策略相似。到了
20世纪80年代，男女帽匠们都团结在国际妇女服装工人工会这
一面旗帜之下，这个组织成立于20世纪10年代并领导了当时
加工腰带的工人的罢工运动，国际妇女服装工人工会是美国服装
业最强大的工会，而且一直到20世纪70年代，它还是全美最
强大的工会之一。

男帽匠群体是20世纪最重要的劳工案件之一的推动者，这
个案件既受到反托拉斯法的影响，又涉及对工会的破坏活动，
它被人们称为丹伯里帽商案，其法学上的官方名称是"罗意威
诉劳勒案"。这起诉讼案的审理历经15年，且在最高法院判决
之前已经裁决了三次，该案件的判决结果影响了诸多产业劳动
法的制定。1902年，康涅狄格州丹伯里的一家名叫罗意威的未
参加工会的皮帽公司起诉了北美帽商联合协会，因为这家工会
在其工作场所组织了一次罢工。罗意威认为，1890年的《谢尔
曼反托拉斯法》曾规定，阻止州与州之间的贸易是违法的，因
此让一切交易都中断的罢工也阻碍了公司州与州之间贸易的开
展。运用联邦法律这一工具来破坏罢工在美国一直行之有效，
但罗意威的诉讼更进一步，他同时指控了工人和他们组成的工
会，因此一旦工会败诉，无论是工人还是工会都会承担经济损
失与行政处罚。最高法院起初支持罗意威的主张，这让面临巨
额处罚的工会成员感到恐惧，法院的态度也可能会导致其他行
业的贸易受到消极影响。在20世纪30年代，该案再次诉诸法庭，
这一次工人们胜利了，此次判决认为"劳动"并非商品，因此
罢工不受反托拉斯法的限制与裁决，此次判决体现出紧密团结

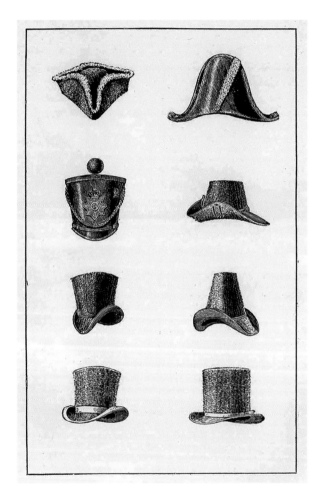

△
1776—1825 年，有许多种实用而美丽的河狸皮帽。

的帽匠群体具有十分强大的力量。

在 19 世纪初期，机器仅用了不到 40 年就从手工劳动者那里夺走了制帽的工作，这让帽子的产量迅速上升，与此同时，市场对帽子的需求量也是巨大的。时尚潮流驱使着男帽市场不断变化发展，在此过程中，由轻质丝绸制成的高帽开始流行，取代了 19 世纪 30 年代初期人们常佩戴的厚重的河狸皮高帽，这一需求上的变化导致帽子市场再次扩大。在 19 世纪 60 年代中期，高帽又由帽冠较小、可塑性强的软呢帽替代。

红圆帽在 18、19 世纪成为西方时尚界的宠儿，在当时它占据了可观的市场份额，对此产品的需求也推动了许多行业进出口贸易的发展，因此英国商业杂志《制帽人公报》对它十分看好。神秘的东方风格吸引了西方时尚界数个世纪，这种现象要归功于时尚界对中国传统美学和土耳其时尚潮流的狂热。穿行在中东和亚洲的欧洲旅行者记录了他们的所见所闻并将其作品发布在各种刊物上，这让具有异国情调的东方审美更加吸引西方人的注意。自中世纪的"夏普伦帽热"以来（这是一种缠绕在头上的头巾，与帽子十分类似），西方男子热衷于各式各样的头巾。在 18 世纪末，男性也会在家中等非正式场合佩戴头巾或是土耳其毡帽，这样的服饰既实用又时髦。男人们的头上戴着各种帽子，他们也常常关注这些头饰，且无论当时的潮流如何，无论是杂志的社论版块还是嘈杂的酒吧中，帽子往往都是人们喜爱的话题，他们对帽子细节的要求也近乎吹毛求疵，定制一款帽子的尺寸往往精确到八分之一英寸的长度单位。在 19 世纪的英国，《英国医学杂志》和《制帽人公报》曾凭借帽子

西部表演艺术家"水牛比尔"给男帽公司 E. E. Francis & Co. 所写的感谢信,这反映出当时男性的日常生活与男帽这一服饰和男帽匠这一职业联系十分紧密。

尺寸的数据来证明人们的脑袋突然变小,这让公众十分担忧,他们认为头变小可能意味着思维能力的下降。既然男帽在当时如此受欢迎,男帽匠也就顺理成章地在社会上受人关注。在美国西部,被称为"水牛比尔"的马戏表演者给帽子制造商 E. E. Francis & Co. 写了一封感谢信,因为这家公司的一款产品以他的名字来命名。当时例如《美国帽匠》和英国的《制帽人公报》等杂志既能够阐明这一产业的基本情况,也在其专栏版块中刊登对国际大事的记载与评论。

　　男人和女人一样，会根据社会礼仪的要求与四季的变化来选择更换不同的帽子。例如人们会在夏季佩戴平顶草帽，在春、秋季则倾向于选择常礼帽。到了 19 世纪，不同款式的帽子会基于四个季节推出不同的分支产品，这些同一款式不同帽子的细微差别体现在帽檐或帽冠上，商家往往会在广告中突出展现这些差别。例如在 1840 年，卷曲的帽檐曾掀起一股短暂的时尚热潮。从 1894 年的一个经典广告中呈现的产品说明可以看出，坐落于波士顿的蒂莫西·梅里特公司在当时对其秋季的同一款帽子的帽冠、帽色、帽檐和边缘处做出了微小的调整。西尔斯百货公司的购物指南和《美国帽匠》等刊物都宣传了同一款式帽子的不同品种。从那个年代的老照片中可以很明显地看出，尽管男人们都戴着相似的帽子，但当时流行的高帽、洪堡毡帽、平顶帽和常礼帽都能通过细微的差别体现出其主人的个性。

　　男帽匠和女帽匠一样，也需要忍受恶劣的工作条件并承担风险，甚至有许多男帽匠会在工作时失去性命。加热工具往往温度极高，加上密不透风的工作环境（制毡过程中空气不能流动），会引起呕吐与肝胀等不适生理反应。一直到 19 世纪，从事制革和染色等工作的人们会将生产过程中产生的污染物倒入当地的河流，这让清澈的河水逐渐变成有毒的淤泥，成为滋生疾病的温床。这些工厂内外的空气中充斥着令人窒息的颗粒物、毛发和丝线。许多人因身处这些恶劣的工作和生活环境中而丧命，还有人死于这些因素所导致的疾病。在其中，最令人震惊的当属汞中毒，这种情况往往由制毡过程中所使用的药剂导致。英国作者刘易斯·卡罗尔于 1865 年撰写了超现实主义童话作品《爱丽丝梦游仙境》，

△
三位年轻的俄罗斯诗人：康斯坦丁·巴尔蒙特、谢尔盖·波利雅科夫和莫德斯托·杜尔诺夫（1904 年），他们分别戴着平顶草帽、软呢帽和常礼帽，表现出三者不同的个性特点。

书中的重要角色疯帽子曾经对从事制帽业的工人有所描述，这些人在市镇中十分常见，他们因工作不得不接触汞这种有毒物质，因为它可以充当溶解毛皮的药剂（18 世纪人们用酒糟来进行这一步工序）。厚实、防水的海狸毛皮，是制作毛毡的绝佳材料，长期以来被用于制作帽子并大受欢迎。然而，这种原料在制毡过程中必须浸在有剧毒的硝酸汞溶液中，给工人的生命健康造成很大的危害。

　　在 18 世纪，人们使用各种方法来获取分解后的皮毛。一种方法是借助材料分解的自然过程，通常从原住民那里购买河狸皮，比如法国和英国占领的加拿大东部地区的米克马克人，他们已经把河狸皮制成衣服并穿在身上。这些衣服比新的皮毛更适合作为制毡的原料，因为人身上的汗水和油脂会让皮毛更容易分解。这种做法在当时十分普遍，大量的"二手"河狸皮进入英、法市场成为基础的原材料。而另一种更快的方法则是运用毡合预处理，使用含汞的红色溶液来加速分解，这种分解皮毛制毡的方法在日后成为行业里的一道标准工序。《爱丽丝梦游仙境》的插画师约翰·坦尼将疯帽子画成一个头很大的矮个子男人，他戴着一顶高大、厚实的漏斗状海狸帽。长期接触汞会让人颤抖、精神错乱或对周围的一切表现出敌意，疯帽子这一角色就常常表现出情绪激

1844 年，J. J. 格兰维尔在他的书《另一个世界》中所创作的插画《时尚》，表现出男帽款式的时尚潮流不断变化，就像一个永远转动的摩天轮。

动、浑身颤抖、语无伦次等症状。汞毒害了相当一部分的皮革匠
和制帽人，所造成的严重危害也引起了公众的关注。直到1945年，
在工作场所仍张贴着描述汞危害的公告。美国公共卫生部门将"慢
性汞中毒"的症状描述为"以细微的意向性颤抖为特征；高度的
精神烦躁；皮肤病（对抓挠更加敏感），过度出汗，脸色异常且
呈红色或苍白；腱反射过于敏感；苍白及口腔不适"。尽管早在
20世纪40年代美国就正式禁止将汞用于制毡业等行业，但汞给

19世纪的制毡工人需
要用毒性极强的汞来
在制毡过程中溶解动
物的皮毛。

帽匠们的生命健康带来的危害在 60 年代仍有所体现。在丹伯里这样以传统制帽业为主的小镇中，颤抖或易怒的男性工人随处可见。汞的毒性很大，即使对 19 世纪的高帽进行适度处理也可能导致工人死亡，因此服装档案馆的人将这些含汞的帽子包裹在塑料膜中以防止汞中毒。

对制帽业的种种想象

男帽业和女帽业都为社会对两种性别产生的种种想象提供了线索与依据，同时在两个行业的发展历程中，帽子也一直承载着复杂的意义，有时社会文化所难以言表的观点和意识可以通过帽子的设计轻松地表达出来。帽子从始至终保持着象征的功能和作用，甚至能够体现出人们观念中的女性和男性的最明显的社会特征。到了 21 世纪，女帽制造已经不是女性专属的行业了，大量的男性设计师也开始进入这一行业。但男帽匠这一群体仍然基本是由男性组成的，且在 21 世纪有了新的含义，即这个词可以用于指代男性的权威且侧重于其负面消极意义的表达。"男帽匠"一词成了 21 世纪的一个俚语，它没有具体的含义，但常常用于指代男性所从事的行业，由此衍生出的俚语中的"疯帽子"一词也出现在各种习语中。例如，一个不可靠的 CEO 被指责为是一个"疯帽子"。其他与"男帽匠"相关的表达可能会包含吸毒、反社会、犯罪行为或是装腔作势的样子等意思。人们对"男帽匠"一词赋予的新含义也契合了 21 世纪的一个发展主题，即揭露了过于强大的男权对社会所造成的危害与负面影响，在"Me Too"和"黑命贵"等社会运动中均体现出这样的思想。"男帽"

与"男帽匠"在当代俚语中仍频繁出现，这在另一个方面也表明帽子仍然具有一定的象征指代作用，它能够反映出其所处时代的社会建构、社会矛盾、社会恐慌与社会发展进程。

◁

约翰·坦尼爵士在刘易斯·卡罗尔的作品《爱丽丝梦游仙境》中所作的插画，描绘了疯帽子的形象。

△
让－吕克·戈达尔的电影《精疲力尽》（1960 年）中的女演员珍·茜宝，茜宝将她影片中男朋友的软呢帽戴出了
自己的风格。

第三章

帽子的潮流与语言

欣赏一项帽子就像观看一场演出。

——朱迪·索洛德金，制帽师

"时尚潮流往往比语言文字更加直观易懂。"在纽约大都会艺术博物馆服装研究所的首席策展人安德鲁·博尔顿的这番话中说明，时尚绝非文化的边缘部分，而是在文化发展中处在核心地位。时尚元素活跃于社会生活的各个方面，它不仅在商业发展、革命事件、社会结构变动和艺术创作的过程中有所体现，也可以推动这些社会运动的发展。博尔顿将服装风格与时尚潮流的变动一并看作是社会交流最直观的体现之一，他认为二者的结合不仅能让人在视觉上，更能在感知认识层面理解社会文化的发展，这种理解方式和阅读文字的效果是一样的。衣服的不同风格在不同文化环境中都是不可或缺的，在任何文化环境中，人们都会用不同的服装来表达他们的观点、体现他们的法律与信仰，服饰因此在有意无意中也成了人们认同感的来源，相似的穿搭风格可能会在情感上引起共鸣，以此来减少陌生疏离感并拉近人与人的距离，使得一个群体更加团结。

　　帕特里齐亚·卡莱法托曾对服饰穿着规范进行分析，她认为个人服装的更换也体现出其身份的转变。卡莱法托以玛格丽特·杜拉斯的小说《情人》（1984 年）中的主人公为例，这是一个年轻的女孩，在她决定戴上男款软帽时，这个女孩觉得她终于可以"看清自己"。这种洞察力十分深刻，因为它不仅仅是人对物质世界的观点，用卡莱法托的话说，女主人公并非把自己放在"自然环境"中审视，而是最终在精神层面上更好地认识了自己的内心，书中的女孩发现这顶帽子不仅能体现出自己的独立与个性，而且还"完全改变"了她。这一情节的展示启发了卡莱法托，因为这个故事说明了人们的穿搭选择很有可能会体现出他们的个性，并成为其内心的形象化表达。在个人服饰选择逐渐演变成一种穿搭风格时，他的穿衣习惯就会把服装这种单纯的物件转化为个人主观意识的可视化表达。

　　服装的这一作用也印证了"许愿"是一种能够让人获取新的认知的创造性活动。在卡莱法托所举的例子中，女孩通过佩戴一顶帽子找到了真实的自我，这一过程让她更好地理解了自己的内心。这一情节的安排就让一顶普通的帽子（女孩的男款软帽）为其主人神奇地变出一处宝藏（女孩的自我认识），这就让普通的帽子也有了与福徒拿都和赫尔墨斯的魔法帽类似的作用。这两顶魔法帽让其主人获得更多的智慧，拥有更好的感知能力，并能够探索内心世界与客观世界的种种秘密与财富，帽子的这种能力与希腊神话中的狄俄斯库里这对双胞胎所拥有的神力类似，他们分别掌管着时间的两个方面（短暂与永恒）。荣格认为，《情人》中女孩的男款软帽也起到了让人走出未知，加强对自我认知的作用。不同故事里的魔法帽都扮演着类似的角色，它们都引导佩戴者进入一个更广阔的世界。例如梅特林克笔下的儿童们的帽子也让他们看到不同事物的内在灵魂，而《哈利·波特》中的分院帽则让学生们能够更了解自己，明白自己更加适合进入哪个学院。

杜拉斯为她的主人公选择了一顶帽子，然而尽管这顶帽子让它的佩戴者认识了真正的自我，但帽子还有另一种特质——耐用，魔法帽也是如此。所有帽子都是短暂与永恒的结合体，这也是人类社会的一个本质，因此帽子的这个特性帮助人在社会生活中找到自我。黛安娜·克莱恩认为这种特征与作用是帽子所独有的，她把帽子称为"封闭的文本"，因为在大多数环境中，帽子所代表的意义都是稳定不变的，正因为帽子具有这样的稳定性，克莱恩才认为这类服饰是易于解读的。社会各阶层的人都可能会佩戴帽子，因此帽子所代表的含义易于为大众所理解。

人们赋予帽子一种复杂的功能，他们既要表达一些明显的含义，也要表达一些"只可意会，不可言传"的敏感信息，帽子所代表的含义甚至可能会破坏既有的社会形态，而针对服饰的种种法律正是来源于对这种破坏作用的恐惧，新奇服装的出现可能会导致社会结构的变动或是经济发展的衰退，更直接的原因在于，立法者对公众力量心生畏惧。在历史上，有着种种法条强制或禁止人们穿着特定的服饰，但这些规则却几乎总是遭到违反，因为选择着装从根本上讲是个人的事情，所以限制服装的法律比起其他类型的限制法律往往面临着更大的阻碍与困难——在面临着装

限制的时候，人们往往会将着装选择看作是与生俱来的个人权利
并为此斗争。然而，虽然这些法律往往令人不快，但是各种着装
规范和节制法令所产生的影响不仅激发了公众的创造性，还进一
步帮助人们认识了自我。

数个世纪以来，在男男女女的道德行为规范中，如何选择、
佩戴帽子是一个十分重要的组成部分。这些准则规范在历史上发
生了多次变化，它们所导致的一系列连锁反应也让穿搭成了一个
道德问题。帽子是客观存在的物品，因此需要可利用的资源制造，
人们才能够获取帽子，这些资源既包括在当地所使用的原材料，
也包括制作加工的费用和进口的成本。正是制帽业所牵扯到的一
系列花销导致了执政者对产业的金融监管，节制法令的产生就是
其中的一个表现。各个地区根据当地情况制定不同的节制法令，
立法者或是与时俱进地修改这些规章制度，或是好多年保持不变。
这些法令直接规范市场行为，它们往往也会与社会风尚一同成为
公序良俗的一部分，过去的人们认为社会的公序良俗与调节金融
市场的法律具有同等重要的地位。出台的节制法令因此就顺理成
章地成了社会规范的法理依据，但它们实际的作用是控制大众。
社会规范是微观层面的"立法"，规定人们应该穿什么衣服，实
际上它仅仅是某些人的个人观点，他们认为的符合社会规范的服
装往往是性冷淡风格的服饰或是不易显示其阶级地位的服装。符
合社会规范的服装往往能够缩小社会各阶级的差异，同时也能掩
盖社会上的阶级剥削与阶级压迫现象。但是，与其他类型的法律
不同，人们常常违反节制法令的规定，因为人们往往希望穿自己
所喜爱的服装，而这样的倾向却与立法者极力否认的森严等级背

道而驰。节制法令的颁布与违反相伴而行，反映出在不断变动的社会环境中文化不断地赋予服装额外的意义与功能。

约束与反抗

在众多服饰中，帽子受到的法律约束是最多的，然而它们在社会生活中往往扮演着更多的角色并发挥着更多的作用。帽子在社会各领域中都扮演着重要的角色，以下举出几个典型的例子供参考，它们或是对抗既有的社会习俗，或是维护其地位。东非平顶帽（库菲帽）和主教冠等帽子是宗教或传统的象征，高帽与锥形帽往往与黑帮有关，在不适宜的场合戴一顶汉宁帽则很有可能会冒犯他人。一些款式的设计是为了实用，如报童帽与头巾；一些款式尤为时尚界所钟爱，如三角帽和骑士帽；还有一些款式的设计单纯是为了象征某一身份，如学士帽和法官所佩戴的黑帽。

帽子在社会生活中具有一定的标志和象征作用，也许只有脱帽才能起到更加明显的标志作用。在人类历史上，脱帽可能是对社会和宗教问题进行情感表达的一种方式，而帽子则在很大程度上为这些问题提供了解决方案。帽子能够帮助人们遮住自己的头发，因此它也能在某种程度上说明脱帽为什么能够反映出种种社会问题。脱帽是一种十分重要的社会礼仪，在某些情况下违反这一规范甚至可能导致死亡。脱帽可能意味着脆弱或是与社会规范的松动有关，这种行为往往在人表示哀悼、谦卑、畏惧、屈服或是无理取闹的时候出现，象征着失去控制或是不知所措的感觉，因此脱帽这一行为的发出者很有可能对社会凝聚力构成威胁。从某种意义上说，一个不戴帽子的人往往是脆弱或孤独的。正因为如此，脱帽可能意味着一种羞辱，而在其他情况下又成为一种特权。

在 20 世纪，人们又为脱帽这一行为赋予了新的内涵，与此同时，这一行为也不再具有某些特定含义。在 20 世纪 60 年代，人们将脱帽看作人性的解放，在有着"人民的世纪"之称的 20 世纪，脱帽这一动作或状态很有可能与民主化运动有关联。在 20 世纪，示威游行等斗争形式加强了工会的权利和作用，推动了诸多维护公民自由权益法律的出台和改革运动的开展。人们赋予脱帽的新意义与这种新的社会发展潮流相辅相成。在 20 世纪，脱帽不再意味着各种强烈情绪的表达，脱帽有了全新的含义，这一行为并不意味着头顶的裸露，而是说明了帽子的缺失，也就是说不再有象征隶属关系、收入和阶级的标志物出现在头顶，因此脱帽成了人们融入社会的一种全新的生活方式。

然而，在 20 世纪之前的历史进程中，随意摘戴帽子都有可能是一种违法行为，并最终导致法律的制裁与社会的排斥。这些法令对妇女的要求尤为严厉，她们面临着在某些场合禁止摘戴帽子的规范的约束。在过去的一些宗教环境中，男子也不能剃光头或是在公共场合随意摘帽子。

在诸多面临着禁止摘戴帽子的法律规范的群体中，奴隶所面临的规范最为明显典型。在一些文化的习俗中，奴隶是不可以戴帽子的，这种传统已经持续了几个世纪，甚至在 20 世纪的喀麦隆等国家还有着类似的现象。在古希腊时期的雅典，男女公民都可以散开他们的头发，而奴隶却不能这样做，因此头发是否散开也成了一种区分公民和奴隶的方式。此外，女奴也不能像女公民一样留长发，她们必须将自己的头发剪短。如果奴隶获得自由（或是为自己交足够的赎金，或是由行政命令赋予

▷
在公元前1世纪头戴一顶毡帽的农民形象，毡帽是西方古代劳动人民的常见头饰。

自由身），他们仍然不能获得完全的公民权，例如不能像正常的公民一样脱帽。而在古罗马时期，此类规定发生了松动。如果古罗马的奴隶重获自由，他们的身份就自动转变为公民，这可能是统治阶级为了避免奴隶起义爆发的一种妥协，因为在这一时期，奴隶起义并不少见（且许多起义也取得了一定成功），这是因为罗马仍处于奴隶制社会，没有奴隶就无法进行正常的生产活动，所以在公元前 1 世纪，意大利地区保留了约 100 万名奴隶，占其总人口的六分之一。对于奴隶来说，获得公民权的机会也可以诱使他们留在罗马的管辖范围内。无檐毡帽是奴隶解放仪式中的一个关键部分，因为在罗马只有公民可以佩戴无檐毡帽，因此这种帽子象征着社会的认可与接受。在神庙举行的宗教仪式上，重获自由的奴隶的头发会被剃掉，然后获得一顶无檐毡帽。剃头有着羞辱的含义，因此获得一顶帽子被视作是失去头发的补偿，获得自由的奴隶必须戴上这顶帽子且不能在公共场合摘下，但拥有这样一顶毡帽也意味着取得了平等的社会地位，因此无檐毡帽在古罗马时期象征着自由，这样的含义在之后的历史中也常有体现。在 18 世纪法国大革命期间，许多革命者都戴着红帽，这是一种无边无檐的红色锥形帽，帽子的尖端垂在一边。大革命成功后，这种红帽作为自由的象征也得到了公众的广泛认同，它的形状与古罗马时期的无檐毡帽类似，以此体现出法国大革命在某种程度上是奴隶解放运动的继承与发扬。然而，这顶来自法国的"自由帽"，却因其形状与古代的另一种帽子相似而造成一些误解，这种帽子名叫弗里吉亚无边便帽，这也是一种无檐且柔软的锥形帽子，它的帽尖向前垂下。

△
这是一幅 18 世纪的画作，描绘了法国国王路易十六于 1792 年在巴黎被捕后，被"无套裤汉"
（法国大革命时期人们对普通民众的称呼，编者注）强迫着戴上大革命时期象征自由的红帽。

设计出这种帽子的弗里吉亚人曾居住在现今的安纳托利亚地区，他们十分擅长刺绣和纺织。这种弗里吉亚无边便帽的形状与真正的无檐毡帽的形状不同，但仍被当作自由的标志。

　　女性常常受到各种戴帽摘帽规范的束缚，这可能是因为在众多文化环境中妇女并未获得完整的公民权。在历史上，女性无论是留不同的发型、佩戴不同的头饰还是在公共场合展示露出自己的头发都在社会规范与礼仪的约束之中。但在 20 世纪，女性对头发和头饰的打理与社会礼仪规范之间的联系最终在现代社会基本消失了。在古代，许多义化环境中的女性不能够佩戴帽子（尽管她们可以围围巾），这是因为帽子代表着一定的社会地位，而戴帽子这一行为是男性公民专享的特权。在许多社会的习俗中，除了出席重大场合，女性不能佩戴任何形式的帽饰，此类社会规定一直持续到公元 4 世纪才废止。在随后的几个世纪中，许多国家（文明）的法律迫使妇女遮盖她们的头部，如果女性选择不戴帽子，公众便可能认为她轻浮。这一时期的某些女性不得不接受政府法律对其服装，尤其是头饰的烦琐的规范，对她们穿着的严苛要求也贯穿了整个历史。在许多国家，节制法令和相关的社会道德规范会通过约束女性所佩戴的头饰来控制她们，这些规章制度往往过于严苛，甚至是毫无意义的吹毛求疵。例如，在 15 世纪，意大利的某些女性可能被要求戴上有一个尖角的帽子，这种帽子也因此成了这一职业的标志。也有一些法令规范要求这些女性必须佩戴面纱，甚至规定面纱的颜色必须为黄色，当然对于面纱颜色的要求不是统一的，在 15 世纪末，这些女性所佩戴的面纱的颜色通常为黑色或白色，而在同时期的法国，这些女性则必须佩戴条形头饰而非面纱。在 16 世纪的宗教改革运动中，信仰加尔文主义的欧洲国家制定了严苛的法律，天主教会也在这一世纪中叶采取了与之类似的手段来约束人们的生活，在意大利和法国的宗教改革对成千上万的特殊女性进行了迫害。法国宗教裁判所的牧师们在残忍地折磨并审判这些女性的过程中，被指控的女性在行刑时被迫戴上一顶由羽毛装点的糖块状帽子，帽子上写着对她们的指责与谩骂，随后这些女性会在审判后被淹死。

在 16 世纪的欧洲，频繁而激烈的宗教裁判活动再次将帽子与礼仪规范之间的联系推向台前，而这一联系早在 14 世纪就已经成为一个热点问题。14 世纪法国颁布的新法律迫使出身高贵的人也必须在公共场合佩戴帽子，这也导致社会各阶层对人们是否可以免冠、脱帽的看法产生了戏剧性的变化。该法律的禁令对富人的头饰风格产生了深远影响，并加深了免冠与脱帽的消极含义。当时的人们十分反感此类规定，他们往往会轻微地挑衅以示抗议——例如 16 世纪德国城市中妇女所佩戴的贝雷帽，这种帽子故意设计得能够露出佩戴者的头发。执政者将佩戴此类帽子视为一种不端的行为，但戴这种贝雷帽的人则将这一举动看作人性的解放。

官方对服装的限制和群众的抗议之间的对立持续了数百年，直到 20 世纪才有所缓和。在欧美地区，不在公共场合佩戴帽子的女性会遭到公众的严厉批评，这种现象在 19 世纪尤为突出。这个时代的妇女所佩戴的帽子通常在侧面有罩子和挡板，这些配件由丝带所连着，一直系到下巴，这样的设计风格让佩戴者只能目视前方而不能向两边瞥。而一个不戴帽子的女孩则可以自由地看向她想看的角度，这种自由的视野在公众眼中却意味着轻浮放荡，因为女性不戴帽子、自由自在的行为在传统礼仪规范中与在公开场合赤身裸体没什么两样。但这些针对女性的严苛烦琐的规则就和其他礼仪规范一样，只是一个幌子，其真正的目的在于扼杀女性的反抗与独立精神。在 19 世纪 30 年代，纽约鲍厄里街区的帮派女孩的这种独立意识就觉醒了，组成这一群体的女性通常是女帽匠和花匠，她们拒绝戴帽子，以此嘲讽"淑女"形象与"资产阶级的女性礼仪"。

鲍厄里街区女孩的叛逆行为也反映出一个人对服装的感受态度也可以渗透并影响社会结构，这些旧有的社会结构十分强大，以至于人们往往不敢违背由其产生的社会规范。但是，看似无害的服装却可以成为破坏旧有社会结构的一大力量来源，这是因为服装的选择是个人的私事，因此人们可以通过选择社会规范所不认可的服装来表现出对现有法律规范的反抗与不妥协的态度。因此，脱帽或免冠的行为也自然而然地十分敏感并对社会规范具有威胁性，这一行为代表了人从约束与苦难中得到解脱，或是个人意识觉醒而得到解放，这些人也许会因此从个人的角度更好地认识自己，他们成了自由意志的代言人，甚至有意无意地导致旧有社会结构的破碎与重组。由服装习惯引起的一系列连锁反应也让人们开始重视帽子的作用，让人们开始思考这一服饰吸引了多少人的目光、承载了多少文化内涵，以及各种文化形式在推动社会凝聚统一的过程中又多么需要帽子的存在。

1805 年，亚伦·马丁内特的漫画《面对面却看不见》中出现了带有极端侧板的女帽。

帽子的舞台

　　正如朱迪·索洛德金所说，一顶帽子就如同"一场演出"，因为早在上万年前，帽子的设计就已经开始传递信息并承载意义了，而如今的帽子仍然如此。这场演出的观众就是穿戴帽子的人和其余的旁观者。在众多服饰之中，帽子可能是最主动也是最生动地表达出象征意义的物件了，因为它可以将难以言表的抽象含义具体而直观地传递出来。帽子的款式以其不同的轮廓进行区分，人们也可以通过佩戴或是拿在手中的方式来分辨出不同帽子的特色。

　　直到 20 世纪，人们与帽子的主要互动方式还是穿戴，戴帽子涉及许多礼仪习俗，甚至可能给人带来危险。在许多文化环境

中，戴帽子是只属于男性的习俗，他们用帽子做出的不同动作能
够表达复杂多样的含义。例如"脱帽致敬"这一礼仪指的是一个
男人在其他人面前摘下自己的帽子，拿着帽檐或帽冠，然后将手
缓缓放下。这一手势始于 17 世纪的欧洲，但在第一次世界大战
后逐渐消失，它是烦琐复杂的"帽子礼仪"中的一部分。在 20
世纪，财富的多少成了衡量社会地位的主要标准，此时的欧洲社
会等级十分森严，男人行脱帽礼的细节也是其社会地位的尊卑与
所享有特权的体现。帽子礼仪的种种规范不仅是为了表现对动作
发出者的尊重，它同时也是一场"表演"，需要"演员"具备娴
熟而高超的技巧。在各个社交圈中（例如商务人士、社会群体、
政府部门、军队等），不同等级的人在交流互动时，帽子就成了
等级的象征与代表，人们在交流时所运用的手势也能体现出类似
的作用。在社交过程中，帽子一定要戴够特定的时间，不能戴得
太低，也不能戴得不够低。在行脱帽礼时，一个人必须清楚地知
道他的手要向外伸出多远，要拿着帽子多长时间。在特定的情况
下，人们不能摘下自己的帽子或必须摘下自己的帽子，而摘戴的
动作甚至能精确到以秒为单位计算，由此可见帽子礼仪在社交过
程中的重要程度。这一系列礼仪起源于中世纪，在那时，帽子礼
仪用于表示交流双方的平等地位。全副武装的士兵将其作为一种
军事信号使用，在遇到他人时，士兵会摘下头盔，表明他是没有
敌意或战斗意图的。

在第一次世界大战结束后，贵族阶级开始崩溃瓦解，而烦
琐复杂的帽子礼仪也在逐渐简化，例如行脱帽礼变得更加简单快
速，帽子礼仪甚至在 20 世纪 30 年代时淡出了欧美国家的社交

礼仪规范。帽子礼仪淡化的一个原因在于它的种种规范中的政治性色彩十分浓厚，因此一旦违反帽子礼仪，将引起严重的矛盾与冲突。贵格会是一个以平等为信仰基础的基督教团体，其主要成员在 17 世纪逃离英国并在北美殖民地定居，他们大多不满宗教改革运动造成的某些影响——例如神权的变化与对军事事务的干预。贵格会成员在内心中对社会的种种现象进行反思，并以此来告诫自己，他们是富有良知的宗教改革运动的反对者。贵格会反对帽子礼仪，这在某种程度上反映出这种社会规范对人的极强控制力，以及其中所蕴含的政治性元素。在贵格会所处的时代，帽子礼仪的这一特点表现得尤为明显，他们认为脱帽礼表现出对他人的偏见与歧视（因为其中的种种规则反映出社会森严的等级），这些人拒绝向他人脱帽，即使面临着被监禁的风险也不向这种社会礼仪妥协，而当时的脱帽礼不仅是社会礼仪的一部分，更是政治上的要求。1670 年在伦敦的法庭上，两名教友派教徒威廉·潘恩（后来他去管辖现今的宾夕法尼亚州地区）和威廉·米德（这是一位富有的皮革商）被指控"聚众闹事"，原因是两人在一个因违法被关闭的教堂外向人群传教。这两个教徒都在法庭上拒绝脱帽，并因此被认为对法庭和国王不敬。二人拒绝脱帽的行为在这一案例中具有特别的意义，因为他们在面对不公的审判时能够以此来抗议，即集会与宗教自由的基本权利不能以"聚众闹事"为由遭到侵犯。潘恩和米德在这一过程中既表达出对帽子礼仪的蔑视，也表现出他们二人的政治立场。在法庭上，这两个教徒对帽子礼仪的蔑视也能够或明或暗地透露出他们对现行社会的不满和对示威运动的支持。这个案件在英国影响深远，多年后它又成为美国宪法及其第一修正案（保护集会权、宗教自由和言论自由）制定过程中的重要参考对象。拒绝脱帽随即成为男性和女性表示不满的一个重要方式。1645 年，一名被指控谋杀的妇女拒绝在法庭上脱帽，以此来表示对原告与指控者的蔑视。这样的行为在1855 年仍被作为新闻进行报道，当时英国杂志《蜡笔》中就有类似案例的记录。

在其他文化环境中也存在着能够反映或影响社会结构的帽子礼仪和手势动作。在非洲，尤其是阿尔及利亚、尼日尔和马里这些国家中，游牧民族柏柏尔人的一支图阿雷格男性常常佩戴一种名叫"塔格玛斯特"的大头巾。人们可以用多种方式来包裹缠绕这种头巾，不同地区、民族的人会采用不同的方式佩戴这种头巾。塔格玛斯特的总长度在 15—20 英尺（4.5—6 米），这种头巾主要由棉花制成，其末端稍显松散，就像是长长的围巾结尾，能够基本遮住面部并不阻碍视线。这种头巾也是当地人身份地位的一种象征（奴隶、未成年的男孩和女性不允许佩戴），同时也是一个男人成熟的标志（代表着青春期的结束）。这种面纱总是遮住人的嘴巴（甚至在睡觉时也是如此），这是为了防止肮脏的灵魂被吸入体内。佩戴头巾的男性也会不断地调整它的位置，在参与社交活动的时候，图阿雷格人会以各种方式调整头巾在面部的位置，这样的行为表现出他对自身的认知，也能反映出他与周围人的关系，这种仪式与上文所介绍的脱帽礼十分类似，两者都是以动作的方式表现出一种文化的地区特色、社会结构与等级制度。这些礼仪从来不是一成不变的，它们会不断调整变化以适应新的文化环境，它们是一种语言符号，表现出动作发出者与其所处社会环境的接触与互动，这些礼仪会带给人一种融入社会的参与感，即便在融入过程中需要受到礼仪规范的种种束缚。人们的一些手势动作中涉及帽子的摘戴，这些不同的动作反映出其所处社会结构的特征。用手与帽子能够无声地传达信息、进行交流，这也说明了帽子的作用绝不仅仅是戴在头上那么简单。

帽子中所承载的复杂含义在 20 世纪末有所减少，但到了新千年，帽子作为人穿搭的重要一环，又再次蕴含着种种深刻的意义。以棒球帽举例，人们会以不同的方式将其戴在头上，而一个人戴棒球帽的方式往往也能对他的身份信息作出一些暗示。由此观之，帽子在新世纪又获得了动感，更加能彰显佩戴者的个性特征。以各种方式佩戴帽子的乐趣可以追溯到几个世纪以前，作词人萨米·卡恩在《风格》这首歌中以一种愉快的口吻描述了这种乐趣，这首歌后来又出现在了 1964 年的一部电影《罗宾七侠》中，弗兰克·辛纳屈、迪安·马丁和宾·克罗斯比在影片中唱了这首歌。这首歌中的一句话说，如果人们不将头上的帽子摆成一个特定的角度，那这顶帽子甚至不可以称为帽子，这反映出并不是简单的一顶帽子就能体现出其佩戴者的个性与形象，只有当人们以自己的方式佩戴帽子方能产生这一效果。

这首歌意在说明，帽子是可以被"激活"的，当人们以自己的方式佩戴帽子时，它就不仅仅是一件服饰了，而是充满了个人色彩的一种表达。把帽子摆成不同角度以"激活"它的功能，这种行为在某种程度上与新石器时代的人在雕像与画作中运用几何线条的现象有着异曲同工之妙。正如考古学家金芭塔丝所说，这种原始时期的创作中蕴含着某种"生命能量"，几何线条的刻画与运用激活了这些物件的完整功能。尽管这两种行为发生的时间相隔数千年，但两者的背后有着同样的行为逻辑，即客观存在的一件物品与其创造过程这两者都能够体现出一种动感。在卡恩的歌中，物体和生命力之间的联系体现得十分明显，他的歌表达出人们对个性化穿搭方式的推崇，也反映出这种乐趣一直到 20 世纪 60 年代仍然存在，此时帽子已经不再是人手一件的服饰了。但只要人们还在不断创造出个性化的穿戴方式，帽子就不会从人类社会消失，因为它是最具有"活力"的服饰之一，能够彰显其佩戴者的个性与风格，并完美地融入他的形象中去。

艺术史学家欧文·潘诺夫斯基在其发表于 1939 年的《图像学研究》中指出，用独特的手势与帽子来代指一个人或是进行自我表达的方式十分重要，在完整的社会结构中是不可或缺的。潘诺夫斯基在论述什么是图像学时，用帽子礼仪作为一个切入点进行解释说明，他的一番论证对后世影响深远。潘诺夫斯基在书中一开始就表达了他自己的观点，即帽子礼仪是一种十分重要的视觉语言，这或许并不是一个十分吸引人的开头，但着实表达出一个突破性的观点。潘诺夫斯基把人们用帽子和手所发出的动作看作是一种图像，并将完整的脱帽礼拆分开来，拆分后的动作能够为人一步步所感知（即在脱帽礼的过程中，他人所能观察到的每个阶段）。潘诺夫斯基认为人们理解脱帽礼所表达含义的过程与他们感知物理图像的方式十分相似：首先是通过人的本能进行感知，之后再通过后天所学习的知识来进行理解。帽子礼仪如同一

▷
北非男性所佩戴的一
种只露出双眼的蓝色
包头长巾。

◁

男款的软呢帽有着简
易的帽檐，能够增强
佩戴者的神秘感和阳
刚之气，这或许与黑
色电影中的男性形象
有关。

出无声的戏剧，它能够反映出文化所具有的一些特征。这是一种即时性的语言，无论在哪种社会形式中都扮演着重要的角色，而对潘诺夫斯基来说，帽子礼仪也是一个社会表达自我的重要方式，整个社会借此表现出其所具有的凝聚力，以及这种凝聚力的表现方式。

帽子礼仪也能触到人的痛处，这一点体现在艺术家居斯塔夫·库尔贝 1854 年的作品《你好，库尔贝先生》中，库尔贝把自己画得十分健壮，在画面中还有两个男人向他脱帽致敬。这幅画引起了很多人讨论，其中最引人注目的评论来自法国漫画家奎伦博伊斯（其真名是夏尔·玛丽·德·萨尔库斯），他创作了一幅名叫《对库尔贝先生的崇拜：模仿对贤士的崇拜》的漫画。这幅漫画嘲讽库尔贝的画中形象和他在艺术界的地位。在漫画中，奎伦博伊斯利用了帽子礼仪的多重含义，描绘两个男人手拿帽子，面对库尔贝先生卑躬屈膝。

潘诺夫斯基将时尚看作是社会交流与行为方式的特征风格。而帽子在这一过程中则是起到了交流的作用，人们可以通过帽子所佩戴的方式来推测出种种信息，正如潘诺夫斯基所想的那样，不同的文化环境中有着不同戴帽子、处理帽子的方式，并以此让帽子"说话"，表达出种种象征意义。戴安娜·克莱恩认为，帽子是一种封闭的文本，它在视觉层面上体现并维护了现有的社会结构。这在某种程度上讲是十分合理的，因为帽子既能表现出强烈的个人色彩，又能反映出其主人的社会地位和所属的社会群体。

由此可见，帽子是公共属性和个人特征的结合体。埃斯特·辛

△
居斯塔夫·库尔贝于
1854 年创作的画作
《你好，库尔贝先生》。

格尔顿于 1902 年调查研究了 18 世纪中期的纽约的社会生活，
在报告中她指出："人们常常会通过帽子上不同的'鸡冠'来
区分形形色色的人。"这里的"鸡冠"指的是帽檐上翻形成一
个角的地方，辛格尔顿在报告中利用"鸡冠"一词形象地表现
出帽子竖起帽檐的样子，也能够体现出当时的人态度的狂妄。
在当时，帽子所具有的这些复杂的含义都是"公开的秘密"。
辛格尔顿指出，帽子竖起的不同形态反映出其佩戴者极强的个人色彩，一个人如何保养装饰自己的帽子，又是如何进行佩戴的，这些选择以帽子竖起"鸡冠"的形式表现出他的个性，不同"鸡冠"的特征因此也成了个人的标志，并进而成了时尚领域的一次重要的互动行为。在军队中，士兵们很少有机会来表现个性，因此设计使用帽子上的"鸡冠"也成了军营里的一股潮流。1756年，英国上尉班尼特·库斯伯森撰写了一本研究军团的书，在书中他主要分析了着装统一的掷弹兵这一兵种，库斯伯森对当时军人所佩戴帽子的外观进行了一定的描写，他详细记录了士兵们佩戴帽子的种种要求，因为"士兵的帽子是他主要的装饰，因此要以得体的方式进行佩戴，整洁精干的小帽子最适合军人，它能体现出一种尚武的气息"。

△

法国漫画家奎伦博伊斯于 1855 年以作品《对库尔贝先生的崇拜：模仿对贤士的崇拜》讽刺了库尔贝的《你好，库尔贝先生》这一画像。

帽子的解读

　　帽子在社会活动中所具有的种种作用经过几代人的继承，已然内化并融入了文化之中。而现如今，人们仍以不同的方式佩戴帽子或将其拿在手里，以此来表达出特定的信息，而这些动作也仍然是了解一个人形象特点的常用方式。而这些重要功能也是帽

◁

18 世纪法国圣东尼团的燧发枪手、手榴弹手和中士，他们各自倾斜着帽子，以彰显个人魅力。

子这种无声语言的重要组成部分。正如潘诺夫斯基所强调的那样，人们常常会对事物的形式作出反应。但是，帽子不同款式中所具有的各种意义，往往无法完全用语言来描述，同时也是不可溯其根源的。一些款式大受欢迎，而另一些却默默无闻，或至少是进入一段"休眠期"，但不同款式的帽子都反复地出现在历史的舞台上，就像年代感十足的演出一样反映出其所处的时期与社会环境的种种特征。

每种款式的帽子都具有极强的吸引力与影响力，这些不同的款式能够吸引社会上各种群体，并为其提供一种身份标志与群体认同感，而这种象征符号的影响力并不会为这些人所具有的其他标志所冲淡或减弱，这是一种十分耐人寻味的现象。除了可以体现人的个性外，帽子也具有一种能够模糊人与人之间的差异的特质，这个看似矛盾的现象说明，帽子的款式与轮廓也能够起到缩小阶级差异和个性差异的作用。不同社会背景的人可能会钟爱同一种款式的帽子，例如无檐便帽，这种共同的偏好是符合社会规范的，并不是一种出格的行为。任何人都可以选择自己喜欢的帽子款式，并将其看作是自我的表达，而无须担忧自己的出身背景是否与这种帽子匹配，社会舆论也对人们相似或不同的品味持一种开放的态度。

帽子的款式

虽然帽子只是服饰的一个组成部分，但选择合适款式的帽子却不是一件简单的事，帽子款式中承载着厚重的文化底蕴与独特的个人色彩，这让其成为文化的重要载体。帽子的款式是一门复杂的学问，潘诺夫斯基认为，在其中承载着丰富的情感表达。人们对视觉图像（简单来说就是物体的形状与线条）的理解与感知和学习语言类似，其内部存在一定的规律与"语法"，这种视觉语言中能够体现出其所处文化环境的特色。安德鲁·博尔顿的观点与潘诺夫斯基的看法一脉相通，他认为人们可以"阅读"并理解时尚，不是因为它所施加的影响十分明显，而是因为它的形式无论在怎样的时代背景和文化环境中，都是直观且承载具体含义的。

人所处的社会环境和他的个性特征往往是共生共存、相伴而行的，这种现象和建筑共生学的观点十分类似。帽子和建筑就有着诸多共同点，两者都具有焦点、表面结构、曲线、角度和以平面来传递美感、富有功能并表达意义。像建筑一样，帽子也是静态、人造的物品，同时，它们和人之间具有的紧密的联系是二者存在的重要原因之一。建筑作为客观存在的事物具有物质性，同时又凝结了设计者情绪的表达，正是这物质与意识的对立统一才能够让人们欣赏到建筑设计的美感，这是一种直观的感觉，是人们在面对物品的结构遵循或背离其存在形式时的直接反应。如此的反应模式也印证了潘诺夫斯基的观点，即人首先会对外在事物有一种直观、本能的感知与判断，之后才去思考该事物所具有的社会意义。佩戴帽子、欣赏帽子的行为也与之相似。一座建筑的成功在于有人使用它（在其中工作和生活），一顶帽子的使命也是如此，因为人们将其作为社交中的一种互动元素来使用。建筑和帽子兼具内在功能与外部展示两种属性，且这两者相互依存、缺一不可。帽子是一个立体的物件，因此在其外观结构中，线条的运用是其吸引力的重要组成部分。外观对于帽子和建筑来说都十分重要，两者都依赖一个原始的架构，只有在这一基础上才能赋予其重要的意义与内涵。像建筑一样，帽子的款式与外观也暗示了其功能与作用，许多大受欢迎的帽子如今仍保持着最基本的结构形状，例如圆形、锥形、三角形或是方形的帽子在生活中随处可见。

球形结构的帽饰

很久以前的人们会用花卉与绿叶来制作帽子，这是一种独特、古老的款式风格，同时也是最精致的一种。在古代的地中海地区，花卉制成的头饰象征最高荣誉，这些鲜艳的花环将短暂的生命（花朵的生命）和永恒的成就（其所象征的荣誉）两者结合起来。在公元前 3000 年左右，苏美尔人和米诺斯人会在敬拜神明或进行献祭仪式时佩戴花环。而到了公元前 1000 年，古希腊人对在艺术、军事或体育方面取得最高成就的杰出公民授予由花叶制成的冠冕，这些花环象征着高贵与神圣，拥有最高国家权力的元老院需要对可以颁发它们的行政区进行立法。在某些情况下，这些植物由佩戴花环的人亲手剪下，那时的婚礼就有这样的习俗，一对新人会戴上由自己采摘的花朵制成的小帽（将细小环状的花叶在头上围成一圈）。由花叶制成的帽子代表着一种帽子语言，也就是将充满生命力的人与"鲜活"的帽子联系起来，二者间因此存在一种共生关系。采摘鲜花并将其编成花环的人在制作过程中与他的作品建立起紧密的联系，这种联系在当时的文化环境中是十分神圣的，因为它说明时间既是短暂的又是永恒的。之后的罗马人也感觉到了这种联系中所蕴含的生命力，在罗马军队中取得最高等级军功的人会获得一顶由野草和野花制成的花环，这种花环被称为"草冠"，这些花草通常取自战斗最激烈的地方，蕴含生命力的花环（由月桂、橄榄、橡树与香桃木的叶片制成，每一种材料都象征着一种特定的成就）在当时远比黄金制成的头饰更有价值。使用具有生命力的材料来代表最高的敬意，雅各布·格林认为魔法帽与生命力量之间存在着某种联系，或许他的看法就是来源于古地中海地区对花环的钟爱。

　　无檐便帽的基础形状是圆形，这种款式的帽子往往具有一定的宗教性质，且常为男性所佩戴。例如伊斯兰教中的库菲帽（不同民族对此有不同称呼）、犹太教中的圆顶帽和基督教中的牧师瓜帽。圆筒帽则是一顶呈圆形的平顶帽，它的帽冠长2—5英寸（合5—13厘米），且没有帽檐，因此这种圆筒帽看上去像是一种略有突起的无檐便帽。虽然这种圆筒帽的基本形状也是圆形，但和无檐便帽相比，两者有着许多不同，例如圆筒帽有四个方形的角而无檐便帽却没有这样的特征。圆筒帽这一款式十分常见，嘻哈棒球帽、天主教会里主教佩戴的四角帽、犹太教徒的基帕帽和中国清朝的官帽的帽冠都采用了相似的设计。圆筒帽给人以空旷、优雅、简约的特点，并因此有了广泛的受众。比如穆斯林男子所佩戴的塔基亚帽（这是圆筒帽版的库菲帽）、19世纪英国水手佩戴的航海帽和以此为基础衍生出的北非圆筒形绒帽都是十分受欢迎的款式。圆筒帽的简约风格也启发了两位时尚设计师，他们在自己所处的时代掀起了革命性的时尚潮流。一位是服装设计师保罗·波切利，他十分喜欢20世纪10年代所流行的高级羽饰丝绒帽，这一款式在 20 世纪 30 年代到 40 年代仍然大受欢迎，是巴黎帽商玛丽亚·盖伊和苏西夫人等人的主打产品。另一位是在 20 世纪 60 年代从事时尚设计的侯司顿，这位服装设计师之前也做过帽匠的工作，他设计出一款抢眼的圆筒帽，这一产品在 1961 年受到当时美国第一夫人杰奎琳·肯尼迪的推崇，侯司顿所设计的这一款式甚至在 21 世纪再度成为时尚界的宠儿。

　　早在 16 世纪后期，欧洲男子就开始普遍佩戴简易的圆帽了，这种极简主义的头饰风格受到了当时普遍不修边幅的男性的喜爱，因此原本流行的华丽高帽为"压扁"饼状圆帽所替代。但到

△
一位头戴花环的罗马诗人。在古代，由鲜活花草所编成的花环是一个人能够获得的最高荣誉。

◁
一个戴着库菲帽的肯
尼亚青年，全球各地
的男士都可能佩戴这
一款式的帽子。库菲
帽一般有圆筒帽和无
檐帽两种款式，往往
和宗教神学及传统文
化联系紧密。

△
1945 年，船员们戴着经典的水手帽，这种款式已经出现在时尚潮流中。

了 16 世纪末，上流社会的男女又开始喜欢奢华的圆形骑士帽，
这一款式出现于一个动荡的时代，那时经济发展与就业形势十分
不稳定，围绕此类问题展开的政治争论也屡见不鲜。宽边毡制骑

士帽的帽冠很小，这样男人就可以在脱帽时把它夹在腋下（女人一般不摘帽子），这种帽子的颜色一般是白色或浅棕色（有时也会采用深棕色），帽带上装饰着长而艳丽的鸵鸟羽毛（一般是红、白、蓝三色）。这种帽子又掀起一股时尚的潮流，尽管它起初是英王查理一世麾下的保皇党士兵的标志，这些士兵在英国内战期间（1642—1651 年）与奥利弗·克伦威尔等国会派的军队作战。再后来，在法国小说家大仲马于 1844 年所写小说《三个火枪手》中，路易十三时期火枪手的形象深入人心，而他们所佩戴的骑士帽也因这一神秘职业而受到人们的喜欢。对于盛行了一个世纪的简约风帽饰来说，世纪末华丽骑士帽的走红颇具戏剧性，但这种奢华的风格却很符合 17 世纪末的服饰风格，那时女性的着装性感而宽松，男性则常常用宽大的衬衫、马裤来搭配一双高筒靴。富裕的妇女会把宽边帽歪戴在头的一侧，置于她们高高堆起的发型之上，而男人则常常把帽檐的一部分翻起来，或是把帽檐的前端抬起，以达到装饰效果。

　　毡制骑士帽的设计风格在 19 世纪以软呢帽的形式传承下来，后者柔软而优雅的外观又接着俘获了 20 世纪人们的心。软呢帽的帽檐长度适中，可以遮阳挡雨（这种设计与短小紧致的圆顶帽檐不同），而且和骑士帽一样，人们在戴软呢帽的时候也会将其帽檐转成不同的角度。软呢帽的典型造型是前端的帽檐朝下，后端则是朝上，但其佩戴方式也可以灵活多样，它从 19 世纪 80 年代末到 20 世纪末一直是男性的常规着装元素，这种款式在 21 世纪又再度受到公众的喜爱。在 20 世纪 30 年代，其受欢迎程度甚至超过了平顶草帽、无檐帽、圆顶礼帽等流行款式。软呢帽

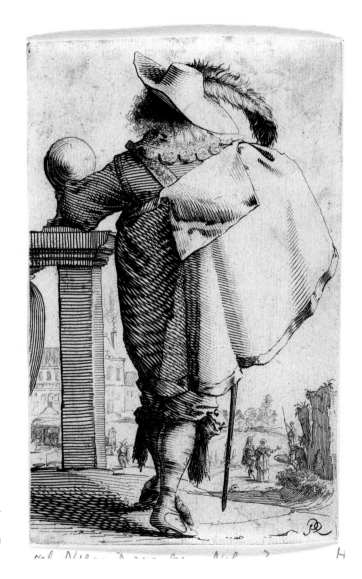

▷
18 世纪宽边骑士帽，
一种深受男女喜爱的
时髦帽子。

◁
奥斯卡·王尔德戴着一
顶软呢帽（1882 年）。

的受众如此之广，以至于直到 20 世纪 60 年代末，欧美地区几乎所有成年男士都有一顶。软呢帽也具有尊贵感与艺术美，比佛利·奇科认为软呢帽款式的出现源于戏剧创作的需要，并举出1882 年法国剧作家维克多连恩·萨都的戏剧《费朵拉》来佐证她的观点，这出戏剧的主要情节是谋杀沙俄罗曼诺夫王室成员，其主演是由超级巨星莎拉·伯恩哈特扮演。该剧被盛赞为"戏剧史上最成功的作品之一"，伯恩哈特在剧中的演技十分精湛，正如时人所称赞的那样，她的演出风格"虎虎生风，充满激情，（以至于）无人能望其项背"。"费朵拉"一词源自俄语，因这出精彩的戏剧而广为人知，在软呢帽这一产品出现在市场上时，它还没有正式的名字，人们便用当时流行的"费朵拉"一词为其命名，这也在侧面体现出这出戏剧的巨大成功。

软毡帽是软呢帽的一个衍生款式，它的尺寸比一般软呢帽更小，帽檐也更窄。软毡帽在 20 世纪十分受年轻男性的欢迎，在21 世纪又获得了女性的青睐。这一款式的名字来源于英国作家乔治·杜·莫里耶于 1895 年出版的小说《软帽子》中主人公的名字"特里尔比"。特里尔比是一位女艺术家，她中了可怕的催眠师斯文加利的魔咒并因此失去了意识。在一出改编自该小说的戏剧中，特里尔比穿着波西米亚风格（在 19 世纪人们常常将东欧地区和艺术气息及离经叛道联想在一起）的服饰，她戴着短檐的小软呢帽，脑后的帽檐微微翻起，巴伐利亚的农家妇女就常常这样打扮。

16 世纪常见的圆帽设计风格又在 19、20 世纪以报童帽的形式再次流行，这种圆帽柔软、宽大，帽子上附带一个小的面罩。

在这一时期，获得社会各阶层大多数人青睐的款式却是圆顶礼帽，这种帽子的帽冠十分结实耐用。这一款式起初是为乡下的男性设计的，他们骑马穿梭于乡间，常常会受到日晒雨淋的考验，因此有一顶结实的帽子十分必要。人们通常认为圆顶礼帽是由 18 世纪的英国乡绅托马斯·威廉·科克（这是冒险家简·狄格比的祖父）或是他的兄弟爱德华·科克发明的。但事实上，它是由两位帽匠威廉·鲍勒和约翰·鲍勒在 1850 年制作的，他们受伦敦圣詹姆斯街洛克公司的委托为科克家族设计了这一款帽子。在刚问世的时候，圆顶礼帽还被看作是一款具有乡村风格的帽子，但它圆形的构造和紧致上翻的帽檐却催生出许多时尚的佩戴方式，它也因此很快在城市中大受欢迎。圆顶礼帽曾红极一时，甚至在距英国十分遥远的玻利维亚地区也十分常见，至于这一款式为什么会在玻利维亚流行，学者们分析了许多原因，其中最具说服力的观点是：19 世纪戴着圆顶礼帽的英国殖民者曾远渡重洋来到这里，这些人多半属于工人阶层，当时这一地区的法国占领者和前来干涉的英国人之间爆发了惨烈的战争，因此这些工人被带到了这个偏远的国家（玻利维亚位于安第斯山脉的高处，海拔约 3800 米）铺设铁轨以支援战争。当地的艾马拉印第安男子逐渐开始模仿这些外来者，也戴上了圆顶礼帽，后来这里的妇女也加入了这一行业，她们甚至还学习了在教堂脱帽的习俗（之前这是专属于男性的礼仪）。玻利维亚的妇女如今仍戴着灰色或是棕色的圆顶礼帽，她们往往会让自己头上的帽子微微倾斜，这些帽子有时会比正常尺码小一圈。在当地，甚至年幼的女孩也会戴一顶圆顶礼帽。

到了 20 世纪 10 年代，由圆顶礼帽主导的时尚潮流吸引了各行各界的男性，他们会因各种需求购买不同价位的礼帽，这种帽子在当时甚至被称为"民主的头饰"。那时的圆顶礼帽几乎成为英国商人统一着装的一部分，它也因此成了金钱与财富的代表，戴一顶礼帽仿佛能让人体验商务男士统筹全局的气度，或是拥有了精明的商业头脑，因此这顶帽子给人一种沉着和稳重的感觉。但圆顶礼帽在当时也成了街头文化的一部分，因为它的价格并非高不可攀，穷人也可以为自己买一顶礼帽，他们有时会歪戴

佩戴圆顶礼帽的玻利维亚妇女，这种传统款式的帽子于 19 世纪被英国铁路工人带到玻利维亚。
▽

一顶礼帽来表现自己强硬、不妥协的态度。此外，大荧幕也赋予了圆顶礼帽特殊的意义，查理·卓别林就是这款帽子最知名的狂热粉丝之一。在 19 世纪 90 年代末，卓别林在英国音乐厅开始了他的演出生涯，那时的许多著名演员都会在登台演出时戴一顶礼帽，而卓别林则希望他的帽子能够引起观众对他所饰演的角色——小流浪汉产生同情并引起共鸣。卓别林花了几年时间为这个角色设计了一套服装，以更好地塑造一个时运不济、命途多舛的普通人的形象。卓别林对礼帽进行了刻意的设计以传递出诸多信息，例如这顶帽子的尺寸很小，却能够以微微倾斜的角度正好戴在流浪汉的头上，这是为了告诉观众，这一角色身材瘦弱，不会也不能伤害他人，同时这又是一个渴望拥有体面生活、希望能够与一个女孩共度一生的角色（这一角色常常用于表现出人的欲望与渴求）。卓别林如此生动传神地塑造了一个失败者的形象，以至于他觉得自己的成就都归功于自己所饰演的这一角色。

卓别林演出时所佩戴的圆顶礼帽也象征着流浪汉对阳刚之气的渴望。而才华横溢的喜剧演员斯坦·劳莱和奥利弗·哈迪则在扮演普通人的过程中，用圆顶礼帽传递出性冷淡的含义。但在 20 世纪 30 年代，圆顶礼帽的形象发生了转变，美国从禁酒时期开始，将其看作黑帮与警察的常见服饰，为这一服饰平添了几分大男子主义色彩，这种含义在德国体现得更加明显。在 1931 年上映的德国电影《三便士》中，男主角"尖刀"麦基的视线从倾斜的帽檐下穿过，直视前方，这一形象给圆顶礼帽增添了咄咄逼人的气势和野蛮而阳刚的风格。在美国，圆顶礼帽在 20 世纪 40 年代开始逐渐淡出社会生活，此时佩戴礼帽会让人看作是守旧、老土的表现，然而，这一款式在英国却继续流行了近 30 年。20
世纪 70 年代末，美国编舞家、舞者鲍勃·福斯又再度把圆顶礼
帽带回了美国的社会文化中，这种帽子随后成了福斯的标志性着
装的一部分，同时它也成了新潮美式舞蹈的重要组成元素。福斯
最初使用圆顶礼帽是出于偶然，他的一个明确的目的仅仅是掩饰
自己的秃头，但之后福斯所编排的舞蹈中大量采用了与礼帽有关
的动作姿态，这一元素的加入让舞者的动作更加迷人，同时也加
快了舞蹈的节奏，让台风显得干净而优雅。

柱形结构的帽饰

高顶礼帽由质地坚硬的圆柱形帽冠和短短的帽檐组成，不同
形状、高度及不同种类的帽冠、帽檐衍生出不同品种款式的高顶
礼帽。制作这种帽子的材料也是多种多样，河狸皮、兔皮、丝绸、
毛毡、羊毛、天鹅绒、长毛绒等材质均可用于制作高顶礼帽，这
些帽子可以直立起来，或是压平折叠，十分便捷。高顶礼帽的价
位、款式也是各有不同，几乎每个收入阶层都可以购买并佩戴（全
新或是二手的帽子）。高顶礼帽的名字十分直观，在近两个世纪
以来，这种帽子通常只有男款，但偶尔女性也会佩戴，它是银行
家、表演艺术家、街头帮派、骑师、服装商人、魔术师、部分卡
通人物和失意者等角色的象征。高顶礼帽常常象征成功，同时也
是疯狂或稳重的代名词，人们可能会因此将其与犯罪分子或正派
人物相联系。

选取河狸皮这一材质是高顶礼帽开始流行的重要原因。不像
一般的羊毛或是兔皮，河狸的毛皮是绝佳的制毡材料。在 15 世

纪之前，这种动物因被捕杀在欧洲地区基本灭绝，甚至在偏远的斯堪的纳维亚半岛上也十分稀有罕见。但到了 16 世纪末，美洲的东北部（现今的加拿大）地区的河狸皮开始小规模出口到欧洲，河狸皮的贸易成为 17、18 世纪全球市场的重要组成部分，它对商品经济的发展产生了较为深远的影响。

发明于 18 世纪的高顶礼帽也受益于利润丰厚的河狸皮交易，因为它的毛皮既可以作为服饰的内衬，又是一种可以经加工变得坚固、防水、有光泽的材料。羊毛毡可能会因各种原因而变形，但河狸皮制品却能够一直保持质地坚硬、造型不变。18 世纪末，价格高昂、富有光泽、引人注目的高顶礼帽是欧洲和北美市场中非常受欢迎的产品，这一款式占据了全球帽子市场一半的份额。高顶礼帽的走红也让其生产交易成了 18、19 世纪最有利可图的市场之一，它吸引了无数法国、荷兰和英国人到北美大陆，他们相互间合作竞争，也与当地的原住民贸易或是争斗。在 19 世纪早期，因为与中国的丝绸贸易让大量的丝绸流入欧洲市场，丝绸取代河狸皮成为制作高帽的主要材料。丝绸高帽的制作更加容易，制成的帽子可以折叠，这也解决了原先质地较硬的帽子的储存与运输方面的难题。

高顶礼帽有着众多昵称，例如人们会根据其形状赋予"火炉管""烟囱锅"等词新的含义以指代这种帽子，此外，作为高顶礼帽主要制作材料的丝绸也有相似的指代含义。不同款式功能的礼帽也相应地有着不同的名字，例如高档名贵的礼帽称为"大礼帽"，而可折叠的礼帽则是直接采用其发明者的名字进行命名的（1840 年法国人安托万·吉布斯发明了折叠礼帽）。高顶礼帽的常见配色有黑色、灰色、铁锈色和白色，它们的帽冠一般是漏斗状或是直筒型的，这些帽子的帽檐也是多种多样，或是上翻，或是卷起，或是扁平，或是弯曲。高顶礼帽承载着许多的象征含义，其中最直接明显的是这种帽子代表财富与金钱。例如在经典棋盘游戏《大富翁》中，富有的"钱袋"大叔扮演财阀的角色，他的形象是一个体态丰腴、留有小胡子的中年男子，其标志性着装是燕尾服和高顶礼帽，虽然这个形象可能已经不符合现代商务人士的整体面貌，但仍体现出高顶礼帽代表金钱和商业的象征含义。而高顶礼帽的另一个象征意义则受到群众的普遍喜爱和欢迎，它是美国舞者弗雷德·阿斯泰尔的标志性着装，在 20 世纪 30 年代阿斯泰尔所参演的电影中，他几乎总是身披一件燕尾服，头戴一顶高顶礼帽。1935 年上映的电影《礼帽》中的舞蹈由赫尔米·潘编排，这可能是银幕上最精彩的舞蹈之一了，台上的舞者便是戴着高顶礼帽、穿着燕尾服，阿斯泰尔在电影里用他的手杖向其他人开火，就好像这些人是游乐园射击场的靶子一样。

　　或许是因为高顶礼帽是财富的象征，或是因为这是一款经典而华丽的帽子，高顶礼帽吸引了各行各业的人，这些人无不希望它能够成为自己形象标志的一部分。比如说，魔术师选择佩戴高顶礼帽最早始于 19 世纪初的法国，他们的一个经典节目是把兔子从礼帽中抓出来，这是一个十分幽默的节目，因为廉价的高帽通常是由兔毛毡制成的。19 世纪 20 年代，纽约混乱的鲍厄里街区的街头帮派"鲍厄里男孩"也将高顶礼帽作为他们组织的统一着装，这些帮派成员通常出身于那里的工人家庭。鲍厄里男孩是第一个采用统一外观着装的街头帮派，其中的帮派成员通常穿红

△
这是一名 19 世纪中期纽约街头帮派"鲍厄里男孩"的成员,"鲍厄里男孩"是第一个设
计出统一服饰的街头帮派。

△
伦敦的一位二手服装商（1809 年）。

色衬衫和背带裤，他们会统一卷起裤脚露出黑色靴子，此外，所有的鲍厄里男孩都戴一顶黑色的高顶礼帽，留着一样的发型（两侧的头发微微卷曲）。"鲍厄里女孩"则以无帽装束向传统社会规范表示抗议和不满，她们和加入帮派的男孩子一样暴力，许多成员都会参与帮派斗殴。鲍厄里男孩是 19 世纪纽约街头最危险的帮派之一，他们的帮派活动往往有组织、有纪律，这也让其获得极强的影响力与号召力，鲍厄里男孩存在了数十年，直到 19世纪 60 年代才逐渐衰落下去。与其他帮派不同的是，鲍厄里男孩的成员往往有稳定的工作和收入，尽管如此，他们还是常常受雇于政客去充当打手。

除了鲍厄里男孩之外，也有许多帮派看中了圆顶高帽，比如"城中匪徒"，他们是活跃于 19 世纪 50 年代美国东海岸的一个犯罪团伙，主要由爱尔兰裔组成，他们与一个右翼政党间有着千丝万缕的联系。帮派成员统一佩戴一顶他们称为"插头"的漏斗状礼帽，这顶帽子中可以塞入皮革和羊毛，之后这些犯罪分子就可以把它们当头盔来使用，在打架斗殴的时候，帮派成员常常把"插头"的帽檐拉到耳朵下面来保护头部。当时一些歧视爱尔兰裔移民的漫画家会在他们讽刺政治的漫画中选取"城中匪徒"作为批判的对象，帮派标志性的"插头"也因此成了犯罪的标志。在同一时期，时任美国总统的亚伯拉罕·林肯也选用一顶普通的圆顶高帽作为自己的标志性服装，林肯的这一选择也为圆顶高帽赋予了"诚实"的象征意义。此外，圆顶高帽也是信奉基督教的帽商和犹太裔二手服装商人的标志性着装，这些人通常是游商，在大街小巷中兜售自己的商品。在圆顶高帽的所有象征意义中，最为消极负面的是其所代表的疯狂与死亡，这是因为在生产工序尚不完善的时代，大批的男帽匠因制作过程中的汞中毒而发疯甚至死去。

　　在 19 世纪末，圆顶高帽也成了女骑师的标志性服饰，她们往往都是知名的公众人物，这些名人中有的来自马戏团，有的来

▷
19 世纪的女骑师常常戴一顶圆顶高帽。

1935 年上映的电影《礼帽》的海报,上面有男女主人公弗雷德·阿斯泰尔和金格尔·罗杰斯。

自上流社会，这也再次说明阶级壁垒是无法决定对帽子的偏好的。这些女骑手的高帽往往呈黑色或白色，帽冠较小，有时帽子上也会附带一块能一直系到下巴的面纱，这种独特设计显得她们

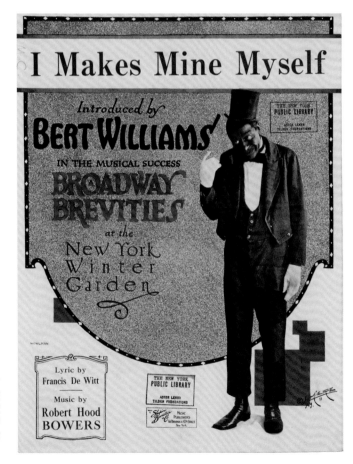

▷
齐格菲尔德富丽秀歌
舞团中的杂耍喜剧演
员贝尔特·威廉姆斯
戴着他标志性的高顶
礼帽。

优雅而潇洒。此外，这个时代的音乐厅里的女星往往会在歌剧中进行"反串"演出，例如维斯塔·蒂利和海蒂·金，她们在女扮男装饰演城里的富家子弟时，往往会戴一顶圆顶高帽来展现其风度翩翩的气质。20 世纪初，黑人喜剧演员贝尔特·威廉姆斯开始崭露头角，威廉姆斯出生于巴哈马，是一个表演杂技的天才，在 1910 年，他成了齐格菲尔德歌舞团的明星演员。威廉姆斯也将高帽作为自己的标志性着装，他的选择背后有多层原因。例如在饰演一个社会地位较低的小人物时，威廉姆斯常常戴一顶破旧的高帽，身穿尺寸过小的衣服，当时的戏剧界常用这种风格的服装来塑造底层人民的形象，他的高帽也小到不合身，这种种信息向观众展示了一个时运不济却又自视甚高的角色。威廉姆斯的这一角色塑造得十分成功，以至于人们能够一眼认出以他为原型创作的卡通片。

圆顶高帽这一款式十分经典，在任何一个时期都不会显得老土，这种高帽在 20 世纪仍然十分流行，它经过多次改进创新之后仍继承了其最初的象征含义。在 20 世纪 30 年代，无数银幕上的女星都会选择圆顶高帽作为自己的帽饰，玛琳·迪特里希和约瑟芬·贝克是其中的佼佼者，与其他女演员不同的是，她们二人选择佩戴高帽是为了让自己显得更加性感美丽，迪特里希和贝克也因这样的角色塑造而大获成功，她们戴着圆顶高帽的形象在当时家喻户晓。在 20 世纪 60 年代，苏斯博士所创作的儿童读物里塑造了一个被称为"戴帽子的猫"的知名角色，这只猫戴着一顶高大的带有条纹的圆顶礼帽，这顶帽子的上端弯曲下垂。苏斯博士塑造这样一个形象是为了让故事既有严肃深刻的基调（因此选用圆顶高帽这一因素），又能够给故事以新奇曲折的叙事风格（以帽子的条纹和下垂的构造来表现）。在 20 世纪 60 年代，沃尔特·凯利开始刊登连载漫画《波戈》，其中塑造了一个可爱有趣的豪猪角色，这个角色设定上一贫如洗，还有一些反社会人格，他戴着一顶带有格子花纹的已经发生形变的圆顶高帽，这样的角色塑造借鉴了当时银幕上身着破烂衣裳的流浪汉形象（例如查理·卓别林和贝尔特·威廉姆斯所饰演的角色）。1948 年，米高梅公司拍了一部名叫《复活节游行》的电影，在影片的一段舞蹈情节中，弗雷德·阿斯泰尔和朱迪·嘉兰二人戴着已经弯曲的高帽，饰演穷困潦倒的人，他们一边跳舞一边唱着歌曲《我们可是成功人士》，让情节增添几分自嘲和反讽的意味。

在中东、非洲和亚洲地区，人们常常会以不同方式佩戴一种叫红圆帽的头饰。红圆帽形似一个倒挂的桶，是一款男女均可佩戴的帽子。在 18 世纪到 20 世纪之间，红圆帽在西方世界十分流行，它在帽商之间也广受好评，因为红圆帽有着十分庞大的市场，能够给人带来稳定的收入。

三角形的帽饰

古埃及人曾设计了一种神圣的头饰，称其为内梅什头巾。内梅什头巾是一块方形的亚麻布，它能够包裹住额头并系在后脑勺上，之后头巾的两端微微展开，形成三角形状的外观。正如其他许多具有神圣意义的服装一样，古埃及从皇室到平民都佩戴它，甚至古埃及神话中的神明也会戴内梅什头巾。无数描绘古埃及人穿着的文物资料都表明这种头巾在古埃及文明中具有崇高的地位，王室和神明的冠冕常常戴于包裹头巾的头颅之上。英年早逝的法老图坦卡蒙在下葬时有一尊自己的黄金半身像作为陪葬，这个雕像就戴着一条由黄金和青金石装饰的内梅什头巾。

　　基督教的主教冠主要由两片圆角的三角形布料构成，两片布料折叠起来就构成了主教冠的大致结构，这种头饰往往经过精美的刺绣装饰，这样能让佩戴者一眼认出帽子的前后两面。早期的主教冠有各种形状。在 11 世纪，教皇的冠冕质地较硬，呈伞状。到了 12 世纪，主教冠的帽檐呈圆锥形，其尖端朝前，这种帽檐形状在之后又演变成三角形构造，分布于冠冕的两端，这两块三角形的布料尖角向外伸，就好像主教冠上长了两个角一样。在之后的几个世纪里，主教冠两侧的尖角逐渐消失，取而代之的是简单的尖顶构造，成了一个质地坚硬、嵌有宝石的头饰。几个世纪以来，它变成了一个坚硬的珠宝圆锥体，此时的主教冠又被称为三重冠，因为这种冠冕上往往又嵌有三个王冠，形成三个不同的分层，17 世纪沙皇的东正教冠冕也采用了类似的设计。现代的主教冠又再度恢复了角状冠的形状，但两角所分布的位置发生了变化，从冠冕的两侧转移到其前后。基督教的主教冠可能与犹太教的基帕帽之间有某种渊源，因为二者的形状十分相似。

　　在 18 世纪后半叶，三角帽于欧美地区掀起一股潮流，男性和女性都可以佩戴这种帽子。正如其名称所示，三角帽的边缘处均匀分布着三个尖角，这种帽子一般还会有微微上翻的帽檐和与帽檐齐平的帽冠。与前文所提及的骑士帽有所不同，三角帽的色调一般偏暗，以黑色系为主。不同款式的三角帽大小不一，人们

古埃及的三角形内梅
什头巾往往被看作是
神圣的头饰，这里的
图片展现的是图坦卡
蒙的头巾。

△
各种三角帽和双角帽的汇总展示。

△
一名戴着双角帽的击剑运动员。

在佩戴时一般会让位处中央的帽尖向前，或将帽子摆成一个特定的角度歪戴。这种上端微微翘起的帽子曾风靡一时，宣传三角帽产品的广告一般会以"由最时髦的帽匠设计"等话术招揽顾客。许多画作记录了当时年轻女性的主流装束，她们戴着面具、面纱或是兜帽，这些头饰上往往都绣有精美的花边，以此来搭配一顶微微翘起的三角帽，这是因为在那个时期假面舞会十分盛行，而这些华丽迷人的装饰能够在舞会上吸引更多的目光。当时的上流人士往往会盛装出席假面舞会，他们精心打扮的部分原因在于追求艳遇，也有可能仅仅是为了在舞会上成为人群的焦点。在美国独立战争时期，三角帽是大陆军的一件常见装备，直到现在，这种帽子也因其中所承载的历史而蕴含着爱国主义的象征意义。美国军队于 18 世纪末淘汰了旧的三角帽，转而采用一种圆筒形军帽，这是因为军中的步枪手常常抱怨三角帽的帽檐会妨碍抵肩射击的动作，尤其是在使用肩带的时候这种阻碍更加明显。然而，与当时其他的主流帽饰不同，三角帽仅仅红极一时，到了 18 世纪末，圆顶高帽的流行让三角帽淡出了人们的视野，这种帽子从此再也没有回到潮流的前沿。

　　双角帽流行于 18 世纪后期和 19 世纪前期，这种帽子有宽大的帽檐，通过把两侧的帽檐拉起可以在帽子的前后形成两个角，两角之间的部分相对平坦。得益于其优雅的曲线，人们可以在佩戴时让宽边朝前、朝后或是偏向一侧。这种帽子的外观十分独特显眼，因此在日常生活中仅有少部分人佩戴，双角帽更常见的场合是在军队里，尤其是在海军中特别受欢迎，海军军官往往会通过戴一顶双角帽来彰显自己的身份。此外，双角帽也是一种"拿破仑式"的服装，拿破仑皇帝和他麾下的元帅们都是双角帽的狂热粉丝。在18世纪晚期，一种新款的双角帽缩短了两角间的距离，这种帽子是法国大革命时期时尚年轻人十分喜爱的头饰。

锥形的帽饰

锥形很早以前就出现在人类文明中了，这种形状曾经蕴含着神圣与尊贵的意义，出土的锥形文物往往是单独存在的石质物品，其中最古老的一件是刻有德尔斐神谕的石头，它位于希腊的阿波罗神庙。数百年以来，当地人相信那里就是世界的中心。在公元前1000年，古希腊人会以一块锥形石作为神谕者（一位具有预言能力的女性）的象征。在帽子设计领域，圆锥形的帽子主要有两种款式：一种是宽型圆锥构造的帽子，这种帽子在东方文明中十分常见；另一种是细长型圆锥，这种形状的帽子主要出现在西方世界。后者往往会引起人们的好奇心，因为佩戴这种帽子的群体往往十分特殊，例如三K党、苦修者和女巫。

在越南，当地人常戴的斗笠便是宽锥形的，这一名词的本意是"叶子帽"，许多东方国家的人都会佩戴这种锥形斗笠，它们有着宽大的编织而成的圆顶，没有明显的帽檐或帽冠，在不同的国家斗笠的样式可能会有些许差异。斗笠在日常生活中具有极强的实用性，因为它可以完全保护住额头和面部免受日晒雨淋，它还能够用于存放水和其他一些物品。在日本等国，斗笠的编织工艺极为成熟，因为在这些国家，劳动者不能打伞遮雨。

欧洲地区的细长锥形帽与斗笠相比多了几分神秘色彩，这种款式的帽子自古以来就十分抓人眼球。狂欢节上的捣蛋鬼和

△
戴着宽大锥形斗笠的
越南小商贩。

巫师装束往往包括这种锥形帽，在这种文化氛围中，锥形帽极富戏剧性，用于指代离经叛道的人，或用于震慑这一群体。这种锥形帽的结构仿佛一阵龙卷风，在"风暴"的中心存在着其精神内核，若能把握、理解这一内核，就可以理清锥形帽发展演变的线索。

"呆瓜帽"据传起源于13世纪的苏格兰地区，在那里有一位精通炼金术的医生约翰·邓斯·司各脱，他认为锥形的帽子可以启迪人的智慧，因此建议让愚蠢或不守规矩的人佩戴锥形帽。

当然，也有一种说法称此类锥形帽的最初推崇者是一群女巫，她们希望通过锥形中所蕴含的智慧来进行通灵并施加其他巫术。由此可见，西方文明中锥形帽的起源并不确切。在历史上数千年的时间里，巫师一直是社会中不可忽视的一个群体。在公元前9世纪的亚述帝国，人们以文字的形式记载了对待巫师（无论男女）的处理方法，那时的人们认为这一群体能够运用超自然力量来控制并伤害他人，而这会对社会秩序造成极大的威胁。在几个世纪后的欧洲，人们对巫师的看法也是相似的，但在这一地区对巫师的迫害中牵扯到更多的因素，例如11世纪基督教团体的分裂、教皇权力的变化或是以异端的名义对不同派系的宗教人士进行残忍的迫害（比如纯洁派和伏多瓦派教徒）。在常人看来，巫师这一群体虽然只是普通人，却又有着一定的神秘色彩，这样的形象特点也让巫师在宗教迫害运动中无法置身事外，他们往往成为其中的受害者。据资料显示，在16世纪的阿尔卑斯山和比利牛斯山地区，猎巫行动的迫害力度达到顶峰，此时纯洁派和伏多瓦派教徒已经在这些山区定居生活了多年。基督教的传教士来这里传教的时候发现当地人很难改变自己原有的信仰，就算他们能够转变为基督徒，这些山区与世隔绝的地理条件也很容易让当地人恢复其先前的信仰。一些人还认为在这个冲突动荡的年代，这些山区农民信仰的不确定性被夸大了，教会趁机将巫术——在文明社会中早已被模糊、边缘化的一种习俗，指控为一种危害极大的异端邪说。从这个意义上讲，巫术便是威胁基督教主导下的社会和谐统一的不稳定因素。山地锥形的外观可能也是巫师锥形帽结构的灵感来源之一，因为在此之前，几乎没有明确记载表明巫师会

△
弗朗西斯科·戈雅所画的《空中的女巫》（1797—1798 年）。

▷
金属制成的高大尖顶
帽（拍摄于1900年），
这是中东地区妇女的
传统服饰，也被看作
是中世纪欧洲汉宁帽
的前身。

佩戴锥形帽。但是巫师与锥形山丘之间的联系早在亚述帝国就已经有记录了，那时的人们也将巫师称为社会凝聚力中的不稳定因素，而这些统一秩序的破坏者也往往居住于山中。尽管古老的亚述帝国和掀起猎巫狂潮的中世纪欧洲之间可能并无明显的联系，但人们对巫师的看法和因此产生的传说却可以口口相传继承下来。在中世纪，似乎没有人会佩戴尖顶的巫师帽，但在 18 世纪末这种着装却出现了。西班牙画家弗朗西斯科·戈雅在 1798 年左右创作了一幅名为《空中的女巫》的画作，在画中他描绘了三个戴着尖顶锥形帽的女巫，她们飞在西班牙的上空。不过戈雅在画女巫的帽子的时候，有意地让帽子的尖端产生分裂，让这一款式看上去与天主教主教冠有几分相似，以此来暗示对教会权力的讽刺与批评。之后将巫师帽这一文化元素推而广之的是 1939 年上映的电影《绿野仙踪》，影片中邪恶女巫所佩戴的黑色宽边尖顶帽由服装师阿德里安设计。

　　汉宁帽也是由细长的锥形帽所演化而来的，这种帽子在 15 世纪十分流行。这股潮流始于法国宫廷，之后又扩散至整个欧洲，几乎所有女性都会佩戴这种特点鲜明的帽子。人们认为这种帽子是基于一种叙利亚的尖顶帽所设计的——这是一种细长的锥形帽，主要由金属制成。这种尖顶帽基本上只有女款，后来从中东流传至欧洲地区。有些汉宁帽的款式体积很大，它们的框架甚至能高达 1 米，一些尖端分叉的汉宁帽可能整体结构比人的肩膀都宽。此外，还有一些汉宁帽的外观设计酷似红圆帽，这一款式也十分宽大，与其他款式不同的是，它们是平顶的，且往往配有一块面纱。戴汉宁帽的女性往往还会用一块面巾遮住自己的脸部，一直从前额延伸到下巴。有人认为，宫廷里的女子佩戴汉宁帽是为了反抗她们所身处的由男性主导的社会体系，这些女性通过戴一顶显眼夸张的帽子来展现自己的形象与地位。不过在当时，角状和尖顶设计的服装在宫廷里都大受欢迎，例如两角的小丑帽、尖顶的喙形帽（这是一种男女都可佩戴的帽子，前端的帽檐延伸成尖端突起），以及极具特色的尖顶鞋，这种鞋一般是皮制或木制的，其尖端可延伸到 4 英尺（约 1.25 米），因此在穿时必须得把它绑在腿上。当时的服饰均能体现出这种夸张的尺寸长度，不仅鞋子与帽饰如此，裙裾和吊带袖也有着惊人的长度。

历史上还有一种十分著名的锥形帽，它也有着长而尖的外观结构，往往由丝绸制成，这种帽子主要由西班牙信奉天主教的苦修者所佩戴。苦修者这一群体的出现始于 16 世纪的天主教改革运动，如今在西班牙等国，每当复活节来临时，仍会有一些苦修者在街头游行，他们为了展示自己的信仰与谦卑，往往公开鞭笞自己。这些人佩戴如此夸张的头饰的目的是遮住他们的脸，这样就可以通过匿名的方式进行苦修，进而体现其虔诚的态度。除了这样一顶极具特色的帽子之外，苦修者往往还穿着绸缎所制成的拖地长袍。到了 17 世纪，这种天主教的宗教仪式在现今美国的西南部地区也十分盛行，而这种苦修者的帽子在后来成了当地假面诗剧中不可或缺的元素，剧中的演员往往会佩戴一顶类似的锥形帽，而美国臭名昭著的三 K 党的帽子正是由此演化而来。

三 K 党的锥形帽罩的原型是美国地区狂欢节的一种传统帽饰，那时的人们通常只认为这是一种巧妙的掩饰身份的方法，或是能够达到吓人等戏剧效果的服饰。此外，欧洲移民者和非裔美国人的种种仪式、街头表演、狂欢游行中的服装及吟游诗人的帽饰都为三 K 党的锥形帽提供了灵感来源，这些具有地区特色的服装成型于 17 世纪，是欧洲文化和加勒比海地区习俗交融的产物，它们往往和喧嚣躁动等不稳定因素相伴而行。这些文化习俗和舞台展示中所穿搭的服装往往会混淆一个人的身份，例如男扮女装进行"反串"，或是白人打扮成黑人的相貌，或是毫无章法地安排一身的服饰，这几种穿衣风格在当时十分常见，甚至能够相互交融贯通。街头表演的乐队往往会采取此类穿衣风格，这些乐队通常由出身于工人阶层的年轻人组建，他们会将自己打扮成黑人的样子，穿一身奇装异服，他们的表演在戴尔·科克雷尔（一位专门研究此类表演的专家）看来，其目的在于加强公共管理，但事实上这些表演根本就是一场闹剧。这些"艺术家"往往会在新年的时候开展演出，通过震耳欲聋的鼓声和哨声骚扰他们眼中破坏社区团结的人家，进行家暴或是不生育子女的人都属这一行列。这种骚扰活动中往往伴随着喧嚣甚至是暴力。科克雷尔指出，这种喧嚷的表演导致三 K 党一类试图干预治安维持组织的出现，参与这些活动和组织在当时被认为是男孩们的成人仪式，它们的存在也解释了 16 世纪以来美国西部地区年轻人的活动为什么往往存在暴力元素。

人们目前普遍认为，三 K 党是于 1866 年由印第安纳州一个小乐队的成员所组建的。在美国南北战争后的一段时期内，全国上下充斥着混乱的暴力行为、不间断的帮派混战及随处可见的贫困现象，此外，整个社会仍然没有走出 19 世纪 30 年代经济萧

三K党的锥形帽衍生自狂欢节中所戴的头饰。

条的阴影。在这十年中，美国一些州的集会活动升级为一种被称为"白帽"的干预公共管理的运动，主要是一些白人恐吓或威胁当地的黑人和少数白人。三K党也属于"白帽"运动的一支，但伊莱恩·帕森斯和科克雷尔一致认为，三K党组织更明显的根源在于美国当地举办狂欢活动的传统。帕森斯强调，三K党常常披着流行文化的外衣来开展他们的活动，部分原因在于吸引更多的成员和观众，部分原因在于这一组织中大多数人都是在南北战争中失利的南方人，流行文化这一幌子可以帮助他们绕过北方的审查与监视。三K党在这样的背景下采取了经过实践考验的弱者策略，即伪装自己。其成员借着旧时公开演出等活动的形式尝试让组织的集会合法化，并采用看上去可笑的服装和过时的传统仪式等形式来蒙骗远在天边的北方管理者。通过这些策略，三K党希望支持右翼政党上台执政，重新创造出一个由白人男性主导的美国社会。

帕森斯认为，三K党所穿戴的锥形帽和奇特服装也是他们"作秀"的一部分环节，他们的穿搭中能够反映出当时流行文化的诸多元素，例如不同款式服装的混搭、尖顶帽的佩戴、男扮女装、模仿黑人形象等民间传统元素，这样的穿着能够让三K党在其所在地区引起更多人的关注与共鸣。19世纪以来，三K党的服装发生了彻底的变化，此时其成员的着装色调往往以红色与白色为主，在服装上还点缀着星星、圆点、绒毛等饰物。这些成员选择穿长裤或是长袍，他们的帽子也不再统一为尖顶帽，这些帽子也逐渐有了更多的装饰加以点缀。三K党并不是一个组织性很强的团体，因此他们通过融合流行文化因素来吸引更多人并保持团体的运行。三K党组织内部并没有明确的管理分工，吸纳的成员来自不同社会群体，他们的政治观点、所处的行业、能够挣得的薪资都有所不同，因此这个组织的成员会用他们的标志性兜帽来掩盖内部不统一的事实，以此来显得三K党是一个步调一致、紧密团结的强大组织。但到了19世纪70年代，三K党基本在美国社会消失了。20世纪10年代，托马斯·狄克逊所撰写的小说《族人》（1905年）和D. W.格里菲斯改编的电影《一个国家的诞生》（1915年）获得了巨大成功，这两个优秀的文化作品的流行再次导致三K党组织重新出现在公众视野中。小说和电影中的三K党服装不再呈现出各种颜色和款式，而是统一为一种有凝聚力的纯白色服饰，这种服装由丝绸制成，整体上是拖地长袍的款式，服装上附带的蒙面兜帽呈锥形，留有两个眼孔，这种服饰与先前西班牙的苦修者所穿的着装十分类似。20世纪的三K党采用了该小说和电影中所设计的新服饰，巧合的是，这一款式也源于当时的流行文化形式，产生于创作者对其的理解与想象。

正方形的帽饰

也许最原汁原味地继承了最初帽子形式的头饰是头巾或是贴头帽，因为它们与原始时期的帽子在外观上最为相似，联系也最为紧密。这种款式的头饰看似是一块平面的方形布料，但实际上在佩戴时能呈现出略带曲线的立体效果。贴头帽在历史上经过多次修改和演变，最终成为一种能够紧紧套在头上的形状大小均适宜的软帽，贴头帽的平面形状呈正方形，这样的构造可以让它把耳朵也包裹住，帽子上还有一条短小的挂带，一般佩戴者会将挂带系在下巴上来固定帽子。贴头帽质地柔软、实用性强、容易制作，因此在几个世纪间流行于各个国家，满足了无数人对帽子的需求。贴头帽的设计结构能够让它有更好的保暖作用，以防头部失温，因此婴儿帽（婴儿的大部分热量是从头部流失的）、睡帽和室内头饰往往都采用贴头帽这一款式。中世纪时期欧洲士兵头盔下内衬的帽子也是贴头帽，以防他们的铠甲和头盔磨损。到了19世纪，在田间劳作的妇女在佩戴的草盘帽（这种帽子呈扁平状，它的帽冠较短，能够系在下巴上）下也会配一顶贴头帽。全世界不同民族的妇女都有可能戴一顶贴头帽，这种款式的帽子以不同的形态融入了民族服饰之中。以贴头帽为基础人们也设计出多款经典女帽，其中最具代表性的是在颔下系带的旧式女帽，这种款式曾经十分流行，能够满足各个群体女性对帽子的需求，它有着较硬的帽檐并附带一条面巾。但到了20世纪初，这种系带的女帽就基本消失了，只有像阿米什人这种宗教小群体的妇女还在佩戴。曾经带有蕾丝边的系带女帽也是世界上最精致的帽子款式之一，但在20世纪已被公众遗忘。但是，在21世纪初，人们似乎恢复了对这一款式的兴趣。在2018年，摄影师克里斯汀·马修拍摄的照片表现出这种帽子的制作工艺十分复杂精细，甚至可以算得上是一种高雅的艺术形式。

在古埃及，质感较硬的内梅什头巾蕴含着神圣的含义，而在基督教文明中，修女的头巾也继承了这一象征意义，这一群体所佩戴的头饰往往是兜帽或是头巾，由此衍生出不同的款式。这些头饰的结构很可能发展自斯拉夫文化中的一种头巾，它形似圆顶帽或是贴头帽，在其坚硬的框架上覆盖着柔软的布料，这种头巾在东正教国家中极为常见，无论男女都可以佩戴。基督教中修女头饰的基本结构与之相同，尽管在不同时期的不同教派里，修女的头巾款式会有些许差异，此外，她们个人也会对自己的头巾进行一定的修改调整。修女的头饰主要由四部分构成：首先是面罩，通常是一块不透明的亚麻布或羊毛，它直接遮住佩戴者的面部，此外，面纱在加工时也可能会刻意进行硬化处理，以便保持特定形状；其次是头巾（通常由布和塑料制成），用于固定她们的面罩；然后是一块温帕尔巾，这是一块用于覆盖脖颈和胸部的软布；最后是一条丝带，拉过额头并系在耳朵上。修女的头饰一般是以当地农妇的帽子为原型，以此来表现神职人员与平民百姓间的紧密联系，因此大多数地区修女的头饰都是头巾或形似系带女帽，也有一些地区的修女头饰是三角形、方形，或在尺寸较大的头巾上附加了双翼形的装饰。在这些特殊的帽饰中，最著名的是法国的一种修女帽，这种帽子质地较硬，呈"W"形，这种独特的外观也是来源于当地劳动人民帽子的设计。

16 世纪欧洲妇女的头饰与修女的头巾十分相似，她们往往会佩戴一种叫作山墙帽的帽饰，这是一种朴素的、质地较硬的方形帽子，它有着兜帽一样的可以包裹住脑袋的轮廓。山墙帽还有一个硬而短小的三角形头冠，挂有织物的帽檐也有着相似的质感。那时的欧洲妇女可以用山墙帽与头巾进行搭配，并辅以珠宝进行装饰。这种都铎王朝时期所盛行的穿搭方式受到英国宫廷的青睐，并一直延续至 17 世纪末，那时出现的柔软而宽大的骑士帽以其

◁

两名进行着殊死搏斗的士兵，他们只戴着自己的贴头帽（也被称为"武装帽"），13世纪的军人往往会在头盔下佩戴这一款式的帽子。

优雅的气质取代了山墙帽。不过在 20 世纪 60 年代，山墙帽的设计风格又以时髦的女式头盔帽的形式重回时尚舞台。

方形的学士帽由一个无檐帽和一块方形板组成，它代表着知识与教育。学士帽与天主教中神职人员的四角帽之间有着千丝万缕的联系，这种主教帽分为四个部分，它的设计结构能够让帽冠或是整个帽子呈现出正方形的外观。这种结构设计可能是象征东南西北四个方向，从而说明天主教教义与知识的稳定性、权威性及其在全球范围内的传播等含义。方形结构设计所暗含的权威与裁决等意义也体现在英国法官所佩戴的黑帽中，法官会在宣判死刑的时候戴一顶黑色、柔软的方形帽子，以此来体现法律的威严。

荷兰的一位戴着宽大头巾的修女在授课，这种头饰被称为白布帽（1941 年）。
▽

矩形的帽饰

许多外观奇特的帽子（甚至比汉宁帽还要奇特）都在历史中掀起了长达数十年的潮流，在 17 世纪后半叶，欧洲地区有一种外观奇特的帽子十分盛行：一种高大、精致的、长方形的叠层花边帽，帽子两侧有着两条蕾丝花边（形似挂在脖子上的长形水滴）。与这种女帽搭配的是尺寸惊人的发型——路易十四曾嘲笑这种发型不雅观（因为它实在是太高了）。直到 20 世纪初，花边布料都需要熟练工人通过复杂工艺才能制成，其价格十分昂贵，因此蕾丝花边的服饰也成了盗贼偷窃的目标，妇女常常因穿戴有类似布料的服饰而遭到袭击和抢劫，甚至会有小偷跳上行驶中的马车，从窗户伸手探向车内，把花边服饰直接拽出来。

另一种形成独特风格的帽子款式是侧板帽，人们也将其称为甘地帽，因为这是 20 世纪 20 年代圣雄甘地的标志性头饰。侧板帽整体呈长方形，帽子的两侧折叠收拢，形成前后两个尖端，人们可以如同使用手风琴一样将帽子的折叠部分舒展开。甘地的侧板帽往往采用印度当地的白色土布制成，以此表示对印度本土产业的支持，以及对英国殖民者的抗议。在 20 世纪 40 年代末，因为印度开国总理贾瓦哈拉尔·尼赫鲁也经常佩戴侧板帽，所以当时的印度人又将其称为尼赫鲁帽，此时佩戴侧板帽已经成为印度人民的一种生活习惯。在亚洲地区，还有许多国家也会佩戴偏硬的侧板帽，例如印度尼西亚的宋谷帽，这些帽子一般只有男款。侧板帽是一种穿戴便捷的服饰，因此第二次世界大战期间许多国家的军人都有佩戴侧板帽的习惯，这种帽子甚至在战后一段时间内仍然代表着曾在军中服役的经历。20 世纪40 年代，美国加油站工人往往也佩戴一顶侧板帽，这在某种程度上反映了此类行业可能有着军工背景，这种服务人员的现代化简洁服装也能够相应地促进其业务的发展。与之相类似的食品加工行业，从业人员在那时（现在仍然）需要在工作时间佩戴侧板帽，以此来保障食品的卫生。

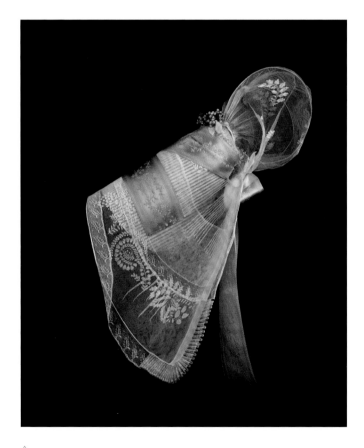

△

这顶精致的传统女帽来自诺曼底，是19世纪中期阿夫朗什地区的头饰，它呈蝴蝶的形状，带有刺绣薄纱、瓦伦西亚花边、丝绸缎带和精美的刺绣图案。

△
曾十分流行的女帽。

包裹的帽饰

　　穆斯林男子所佩戴的库菲帽上也可以缠一条棉巾，这样的搭配就组成了著名的阿拉伯头巾，这是传统的圆筒帽和历史悠久的包裹型头饰组合使用的一个著名的案例。阿拉伯头巾是世界上最古老的头饰之一，这种柔软的头巾在全球范围内受到男性和女性的喜爱（虽然女性通常只缠头巾不戴库菲帽）。人们通常在佩戴这种头巾的时候会将其缠绕好多圈，直到布料密度变大使其显得足够坚硬（因此人们将阿拉伯头巾归为帽子的一种）。阿拉伯头巾是伊斯兰教、锡克教和印度教男子的传统服饰，16世纪时，西方人也开始为此着迷。到了17世纪，路易十四的宫廷开始接待来自土耳其的使者，这时的奥斯曼帝国在西方人眼里成了一个幻想中的神秘国度，让·拉辛（法国著名剧作家，编者注）常常将其戏剧的背景设在奥斯曼帝国，其文化元素也常常在化装舞会和狂欢流行活动中出现。当时的人们热衷于佩戴阿拉伯头巾（无论是否一同佩戴库菲帽和红圆帽），那时的艺术家也热衷于在自己的作品中描写或勾勒阿拉伯头巾的形象，这种传统服饰具有极强的生命力，永不过时。纵观整个20世纪，许多高级女装款式的背后都有阿拉伯头巾的设计元素，而到了21世纪，这种古老的头饰又再度焕发新生。

西方世界也曾经尝试推出属于自己的头巾，例如在14世纪起源于法国的夏普伦帽就出人意料地掀起一股潮流，并为其在时装界谋得一席之地。夏普伦帽出现的契机在于14世纪法国出台的一部法律，该法律禁止上流社会的人在公共场合裸露头部，这一禁令看似约束限制了人们的穿搭，却又促进了一种全新着装风格的出现。时尚潮流引导这种风格发展，最终让其独树一帜，夏普伦帽就是这一着装风格中的核心元素。与东方世界的头巾不同，夏普伦帽并没有晦涩深奥的宗教意义，但它却成了中世纪时期男

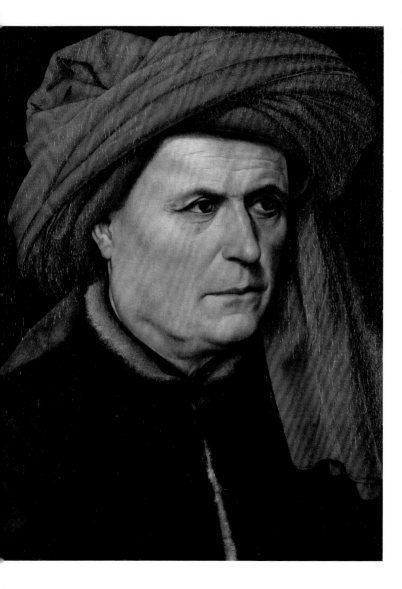

◁

14 世纪男性所佩戴的
夏普伦帽，这种款式
流行了一个多世纪。

装界的一颗明珠。夏普伦帽整体显宽大，看上去圆鼓鼓的，这种帽子的结构形式与头巾很像，人们可以通过缠绕包裹或是系带等方式将其固定，一些款式的夏普伦帽会在帽子的一侧设有短帘，而在另一侧附加一条丝带，不同款式的夏普伦帽的尺寸大小和丝带长短都有所不同。在整个 14 世纪，夏普伦帽几乎主导了时尚界的男帽风格，那时的男士都以各种方式佩戴不同面料制成的夏普伦帽，其中最受欢迎的是丝质帽。到了 14 世纪末，一股夏普伦帽的热潮已经席卷了欧洲大部分地区，这一款式在当时已然成为高档头饰，上流社会的男士都会在画师为自己作画的时候戴一顶夏普伦帽，以此来表现其成熟、富裕等特征。然而，这种富人的帽饰却起源于平民的着装款式，几个世纪以来，头巾是欧洲地区各阶层男女所佩戴的大众化头饰（或其组成部分）。而上流阶层所青睐的夏普伦帽与先前欧洲地区农奴所常佩戴的蒙头斗篷之间有着千丝万缕的联系。这种平民服饰宽大而合身，其上端是一个兜帽，下摆则是一条披肩，整件斗篷可以系在脖颈处加以固定。在炎热的时候，劳动者会戴起他们的兜帽遮住整个脑袋，仅在面部留有一条缝隙，然后他们会像缠头巾一样让披肩也包裹住头部，在这一过程中，人们会用一条长绳将兜帽的尖端与上翻的斗篷系在一起，余下的线绳则垂在帽子两端。

　　另一种独特别致、引人注目的包裹型头饰是美丽的盖勒，这是尼日利亚妇女的一种传统头饰，流行于许多国家和地区。人们在佩戴盖勒的时候，更多是以捆绑而非包裹的方式将其固定，她们以巧妙的佩戴方式让其格外显眼。盖勒的外观像一个巨大的蝴蝶结或红圆帽，这种设计结构与夏普伦帽有些许相似，因为两者

△
南非诗人杰西卡·姆班格尼戴着一顶被称为"盖勒"的非洲头巾。

都是以包裹的方式戴在头上的，且都不是真正意义上的头巾。盖勒与阿拉伯头巾在外观上也有共同点，二者的主要结构都是卷起来的织物，盖勒一般是由纺织工人用非洲地区常见的丝绸手工制成的，在加工过程中工人们会让盖勒的质感略显粗糙，保有一定的硬度，以此来让它在佩戴时能够更好地定型。与夏普伦帽类似，高档面料制成的宽大的盖勒也是当地妇女彰显其财富和地位的重要标志。

第四章

耀眼的设计师与明星

人的脸面如此重要，因此他们往往会谨慎挑选自己的帽子。

——约翰先生，知名帽匠

从 20 世纪开始，女帽设计行业越发受到公众推崇，女帽匠们也从社会的边缘地带逐渐走向文化中心。在此之前的数百年里，社会舆论对这一职业及其产生的经济效益普遍持冷漠甚至鄙视态度，但在 20 世纪，女帽业成为欧美乃至世界各地商业经济中的一大核心支柱。制帽业（无论是男帽还是女帽）无论是销量，还是其社会地位与影响力均达到了史无前例的一个高度。尽管在 20 世纪 60 年代（甚至更晚）的社会舆论中，女帽匠这一职业有着其他含义，社会各群体所使用的俚语也仍能反映出这一联系，但当时的女性已经主导了女帽业，最终这个行业也走出了长期以来的偏见。女帽产业在过去对经济做出的重大贡献却常常遭到忽视，但到了这一时期，人们也越来越认可该产业在日常经济活动中的核心作用。棉花等纺织品原料的交易能够有力地影响金融与股市，其他与制帽相关的行业与产品，从装饰帽子的丝带到制造模具的钢铁，也发挥着如此强大的作用。尽管早在几个世纪之前，英国杂志《女士之境》就在一直鼓励受过良好教育的妇女从事制帽工作，以此养活自己并获得社会认可。但直到 20 世纪上半叶，制帽相关行业才相对稳定下来，没有了令人厌恶的季节性用工现象，妇女工作环境也相应地得到提高，这些改善才最终让女帽业不再是堕落与低贱的代名词。

　　服装产业的整合和集中生产也是女帽业崛起的关键因素，行业的这些总体变化让女帽制造直到 20 世纪 60 年代之前一直受益匪浅。在 1899 年，服装业在纽约谋求到了属于自己的一席之地，其市场份额成倍增长，在这一年其销售额甚至比十年前扩大了三倍。到 20 世纪初，服装业的经济实力进一步增强，以至于其从业工人数量位居纽约市第一，此时血汗工厂的工作条件仍然很恶劣，但在世纪之交这一行业进入了高速发展期，行业工会的力量也开始逐渐强大，其中由女性劳工组成的工会发展得尤为迅速。在 1900 年，国际妇女服装工人工会成立，这一组织由克拉拉·莱姆里奇等杰出的劳工运动组织者所领导。那时的莱姆里奇是一位年轻的乌克兰移民，她策划组织了 1909 至 1910 年的衬衫制造工人抗议游行的运动，超过 20000 名劳工和游行者参与了这一运动。和 19 世纪一样，在这一时期的美国，工会与企业之间的冲突矛盾仍是家常便饭，而服装业的工人则是劳工中的领头者，他们推动了工会组织的发展与壮大。到 20 世纪 60 年代，国际妇女服装工人工会已经吸纳了众多成员（包括男女帽匠），它已然成为一个有极强政治影响力的组织。在

▷

1908 年，劳工积极分子在芝加哥的工会集会上演讲。

20 世纪 30 年代，虽然市场出现了较大的波动，但从事女帽产业工人的薪资却有所提升。整个女帽产业在 20 世纪 40 年代中期仍保持上升发展的态势，这种良好局面让这一产业的知名度也相应提升，当时的前沿女帽设计师即使在如今仍然家喻户晓，这些人中大部分都是女性。

女帽业在 20 世纪逐渐在社会中站稳脚跟，其中的部分原因在于这一产业继承了 19 世纪杰出女帽设计师前沿的设计理念，这些先行者的才华与智慧在行业内得以很好地保留，他们的名字在 20 世纪仍然没有被遗忘，甚至在如今仍是人们津津乐道的对象。例如，法国女帽设计师卡罗琳·瑞邦（1837—1927），她有着自己的品牌和产业，也为吕西安·勒隆和苏珊娜·塔尔博特（她生于 1880 年，其主打品牌在 20 世纪 50 年代仍十分流行）等服装设计师设计帽子。瑞邦就是一位对行业产生深远影响的先行者，这些先行者启迪了后世的女帽设计师，尤其是颇具传奇色彩的勒格鲁姐妹和吉拉德姐妹，这两个品牌分别由两对姐妹打造，其品牌名称也对创始人关系有所体现。瑞邦曾雇用了超过百名工人为其生产设计帽子，她的客户是那时的社会名流。在 1896 年的一本旅游指南中，作者钦佩地评价她有着自己鲜明的风格，对历史文化和未来发展潮流的理解十分深刻，此外，这本指南还称她是"真正的巴黎时装设计师，优雅而杰出"，以及"已经跻身上层社会的设计师"。瑞邦曾经为玛德琳·维奥内特工作，后者是一位服装设计师，其所采用的斜裁工艺改变了当时时尚的潮流。瑞邦还一手栽培了阿格尼丝夫人，后者又指导了莉莉·达切和苏珊娜·雷米（她曾与著名的鞋子设计师罗杰·维维亚一同合作）。

珍妮·浪凡则曾在青少年时期在时装店费利克斯之家工作，当时苏珊娜·塔尔博特对她进行了系统的培训。在 1890 年，浪凡开始经营自己的精品店，到了 1909 年，她建立了属于自己的品牌，浪凡在繁华的圣奥诺雷郊区大街上经营店铺，售卖高档女装和童装。浪凡之后又作为前辈指导了莉莉·达切，达切则启发了当时还年轻的侯斯顿，并在 20 世纪 50 年代将他从芝加哥带到了纽约。在伦敦工作的丹麦设计师艾格·塔鲁普则教导了约翰·博伊德，后者曾为戴安娜王妃设计帽子并因此知名。

　　20 世纪是著名时尚设计师群星荟萃的时代，在纽约有着莉莉·达切（1904—1989）、"约翰先生"约翰·弗雷德里克斯（1902—1993）、雅度夫（1933—　）（他曾在服装设计师克里斯特巴尔·巴伦夏加手下当制作帽子的学徒工）、本杰明·格林菲尔德（1898—1988），以及萨莉·维克多（1905—1977）等一众设计师。在巴黎，女装设计师卡罗琳·瑞邦、苏珊娜·塔尔博特、师从塔尔博特的阿格尼丝夫人（19 世纪末—1949）、苏西夫人、罗丝·德斯卡特、玛丽亚·盖伊、路易丝·波旁、卡米尔·罗杰斯、波莱特（1900—1984）和克劳德·圣西尔（1911—2002）（师从罗丝·德斯卡特和服装设计师让·巴杜）等人成了时尚界关注的焦点。在伦敦，则是艾格·塔鲁普（1906—1987）、奥托·卢卡斯（1903—1971）和约翰·博伊德（1925—2018）等人扛起了时尚界的大旗。一些著名的高级时装店设计和制造自己品牌的帽子，在当时这种店铺被称为"鹰爪"，著名时尚设计师香奈儿、巴伦夏加、莫林诺、巴杜和浪凡等人就采取了这样的经营模式。

　　许多顶级服装设计师都认为，帽子是一套服装中不可或缺的部分。例如，克里斯蒂安·迪奥就认为"帽子的线条"与"衣服的线条"一样重要，并告诫人们不要用"过多的装饰品"来掩盖这一线条。制帽业中设计师们需要能够打造出与时装匹配、特色鲜明的产品。在这一过程中，熟练的技术与敏锐的眼光缺一不可，顶级女帽设计师凭借这两点为顾客量身打造合适的帽子，并为此感到自豪。克里斯特巴尔·巴伦夏加为自己品牌的服装设计搭配帽子，他的设计理念中个人色彩十分浓重，巴伦夏加认为，对于一个人和他的服装来说，只有唯一一顶帽子能与之完美契合，因此他所设计的帽子产品往往和其他服装一同推出，在整体上体现出巴伦夏加的设计理念。莉莉·达切也在她的回忆录中强调了帽子的重要性，她认为选择一顶帽子意味着选择了一种生活方式：

　　"任何款式的经我设计的帽子都可以完美契合任何女性的形象特点，但这顶帽子必须是只为她个人量身打造，才能让这顶帽子在其尺寸比例、外观风格上与她完美契合。我认为，这种具体问题具体分析的严谨态度，是从事任何工作的成功的秘诀。"

　　时尚界的天才们塑造了从 20 世纪 10 年代到 20 世纪末的公众审美，其中的女帽设计师们也因此变得家喻户晓，她们大多出生于 19 世纪末到 20 世纪初这段时间，其中许多人又活到了 20 世纪末期。因此，这些时装设计师独具的慧眼和她们推出的作品定义了整个 20 世纪的着装风格，她们的成就也间接导致了人们在 21 世纪对古怪独特的帽子的热爱和对经典传统款式的推崇，制帽工艺也在这些明星设计师的推动下不断精进。20 世纪女帽设计师的生卒年份反映出她们与 19 世纪和 21 世纪都有着密不可分的联系，这也说明了人们无法跳脱出一个时代的社会背景来分析那时的时尚潮流，因为时尚风格的发展变化来自时代的变迁。

　　女帽业并不仅仅是高档时装产业的一个分支，它也是时装产业兴起的重要推动因素。在 18 和 19 世纪，女装设计师和女帽设计师往往是合作伙伴，这也导致了两个分支产业在这一时期以相同的节奏发展。从一些 20 世纪著名时装设计师的生涯中，我们往往可以看到服装设计师和帽饰设计师能够相辅相成、相互影响。许多服装设计师都是先从制帽业开始干起的，例如珍妮·浪凡（1867—1946）、可可·香奈儿（1883—1971）、查尔斯·詹

▷
19 世纪 90 年代末，年轻女性佩戴着时髦的套叠式平顶帽。

姆斯（1906—1978）、侯斯顿（1932—1990），以及电影服装设计师吉尔伯特·阿德里安（1903—1959），他们起初都从事设计制作帽子的工作。在这些高级设计师身处的时代，这些天才已经为高级时装行业定下了基本的发展基调，当然，离经叛道的设计风格也在这个产业占有一席之地。此外，制帽的一些特殊工艺也为服装设计提供了技术支持。从根本上讲，掌握制帽技术能让服装从业者学会两个本领：一是理解并在设计的服饰中运用线条，二是为服装规划好大致结构。此外，女帽的设计过程还要比男帽多一步，即设计师们往往需要让他们的作品看上去显得轻盈灵巧，又需要让它能够在头上保持稳定，不会掉落或是被风吹走。让结实的帽子看上去小巧玲珑需要一定的技巧，而让一顶这样的帽子固定在头上同样需要天赋与技艺，比如设计师们需要十分了解三维物体的结构形式。而对于服装设计师来说，他们在设计任何一种款式的服装之前，都要了解人体运动的基本方式，就算是设计一件紧身衣也要考虑它是否会妨碍人的行动，但设计帽子却很少考虑这一因素，因为帽子往往是戴在人的脑袋上，而人的头颅不像身体其他部位那么柔软，也通常不会进行剧烈运动。

在历史上，妇女往往需要遵守与帽子相关的社会礼仪，而这些礼仪规范的变动也反映出她们的公民权利的变动。从 20 世纪初开始，女性往往也能通过改变其头饰来争取平等的公民权。19 世纪 30 年代的鲍厄里女孩故意剃短头发并裸露头部，以此来凝聚她们的群体并表达对当时社会规范的蔑视。在此之后又出现了一款新的帽饰传递出类似的信息，这是一款套叠式平顶帽，也被称为"猪肉派帽"，是 19 世纪 90 年代办公室的女秘书或是

▷
莱昂·巴克斯特于1911年设计的服装，这套服装是为瓦斯拉夫·尼金斯基（俄国芭蕾舞天才，编者注）所打造，他在俄罗斯芭蕾舞团的作品《仙媛》中饰演伊斯坎德尔。

工厂里的女工人所佩戴的帽子，它看起来像是小一号的男款平顶草帽。到了 20 世纪初，这种帽子仍然广为在职女性所接受，同时也受到了当时女权主义者的青睐。人们将这一批女权主义者统称为"新女性"，她们往往也戴着套叠式平顶帽，希望通过统一的着装来推动女权运动的发展，并为妇女赢得更多自由发声的权利。从社会名流到工会成员，很多人都加入了"新女性"的队伍中。她们所佩戴的另一款标志性帽子在结构上呈圆筒形，被称为"风流寡妇"，在 1907 年，女演员莉莉·艾尔西在同名戏剧中佩戴了这款帽子，它也因此有了这样一个独特的名字并走进了大众视野。

　　19 世纪时尚界对东方文化的向往也一直延续到下一个世纪中。20 世纪 10 年代到西方国家演出的俄罗斯芭蕾舞团在各国都能引起轰动，舞团分别于 1906 年和 1911 年到巴黎和纽约两地进行表演，演员们出色的表现让他们所处的行业发生了彻底的改变。俄国艺术大师谢尔盖·戴亚基列夫是这一艺术形式的集大成者，他采取了莱昂·巴克斯特和亚历山大·贝努瓦所设计的服饰，这些着装具有俄国和亚洲文明的特色风格。他运用了伊戈尔·斯特拉温斯基和阿诺德·勋伯格等作曲家所常用的新切分音，还融合了具有瓦斯拉夫·尼金斯基风格的张扬舞蹈。在 20 世纪 10 年代初，法国的一位布商之子保罗·波切利也受东方文化影响较深，并以此颠覆了时尚界。波切利十分推崇具有东方风格的下垂式服装设计，在他所设计的服装中很少有紧身衣出现，取而代之的是 19 世纪所常见的帝线风格（即高腰线，仅在胸部以下有一条接缝，这样的设计解放了腰部），并采用宽松的灯笼裤设计来与之搭配。此外，波切利还让头巾重新回到时尚的舞台。波切利的成功很大程度上要归功于巴黎的一位知名服装设计师雅克·杜塞，杜塞为当时的贵族和社会名流定制服装，与此同时也为伟大的舞台明星莎拉·伯恩哈特和塞西尔·索莱尔设计戏服。波切利在 1896 年曾在杜塞手下工作，杜塞极具异国情调的工作环境给波切利留下了深刻的印象，让他从那时起就希望成为"未来的杜塞"。

杜塞的 19 世纪优雅简洁的线条设计、俄罗斯芭蕾舞团的大胆前卫的风格，以及波尔特对头巾等传统服饰的青睐，这些因素都推动了 20 世纪时尚潮流的进程。制帽业作为时界的一环，也享受到了其高速发展的红利。在之后几年的服装设计风格中，帽子和其他服饰的搭配设计也变得越来越不可分。

在接下来的十年里，推动制帽业发展的一个主要因素是富丽秀（一部荒诞戏剧）的流行，这一原因恐怕许多人都意想不到。以露西尔为首的一些著名服装设计师让这两个看似毫不相干的领域产生了交集，露西尔从 1895 年开始在伦敦经营她的服装业务，她的作品给当时的许多人都留下了深刻印象，一位作家在谈到她的工作时写道："我向你致敬。"露西尔曾在纽约、芝加哥、巴黎和伦敦经营自己的店铺。很大程度上是露西尔让时装秀成为一场盛大的活动，她经常鼓励手下的女模特对自己的外貌保持自信，打造了一个个魅力十足的女性形象，露西尔重视女模特的做法和罗丝·贝尔坦打扮店员的策略有着异曲同工之妙。此外，露西尔也承包了一部分为电影和戏剧设计戏服的业务，这让她成了社会上的知名人士，她设计的"风流寡妇帽"也一手捧红了女星莉莉·艾

尔西。露西尔是著名好莱坞编剧埃莉诺·格林的妹妹，可能是受
到姐姐的影响，她成了最早同时为时尚人士和电影明星设计服装
的人之一，也相应地促进两个领域之间产生了更加紧密的联系。

露西尔曾为诸多影视明星设计服装，例如玛丽·毕克馥、珀尔·怀特和葛洛丽亚·斯旺森，她也曾指导电影服装设计师霍华德·格里尔。格里尔后来成为派拉蒙公司服装部的负责人，他曾雇用并指导了传奇设计师特拉维斯·班通和伊迪丝·海德。

在 1915 年，艺术家弗洛伦茨·齐格菲尔德曾雇用露西尔为他的荒诞讽刺剧设计服装。此时的富丽秀不再是戏剧界的边缘角色，它开始代表戏剧发展的一个新方向，告诉世人戏剧原来还可以如此安排设计。这种艺术形式（包括时事讽刺剧）在 20 世纪 10 年代的戏剧界占主导地位，尤其受到美国观众的喜爱。在北美大陆，这种新潮戏剧往往在建于 19 世纪的音乐厅中演出，到了 20 世纪 20 年代，这类戏剧攻占了纽约、伦敦、巴黎等大都市。一部富丽秀中往往会充斥着大量裸体镜头、昂贵的布景与着装，以及夸张艳丽的女性头饰。杂要表演、歌舞环节、感伤恋歌、宏

莉莉·艾尔西戴着"风流寡妇帽"，这是一顶巨大的圆筒形帽，由时装设计师露西尔所打造，这一款式在 20 世纪的头 10 年里十分流行。
▽

大场景和半裸的女演员成了构成一部富丽秀的基本元素，在众多表演者中，来自纽约的齐格菲尔德歌舞团为歌舞女演员们立下了新标杆。

这些新潮的戏剧如此成功，其中出现的巨大夸张的头饰功不可没，这些头饰的前身往往是军中的帽饰。正如美国海军军官卡斯特伯森上尉曾引导他手下的人打理好自己的着装，露西尔也深知一身华丽的服装能够烘托出一种别样的气氛。在军队里，整洁的军装能够展现一名军人的魅力，并激发其阳刚之气，对异性产生吸引力。军人的帽子往往都具有一种独特的美感，士兵们将一顶军帽歪戴在头上，尽显其执行力与领导力。因此，在19世纪末到20世纪初这一段时间内，人们很容易在设计女歌星和女演员的帽饰的时候借鉴军帽的设计思路。

无论是身材火辣、美丽动人的女演员，还是高大健壮、威武阳刚的军人，都会用独特的帽饰和佩戴方式突显其形象特征。欧洲军官所穿戴的华丽衣帽成形较晚，他们的制式军装直到18世纪才出现，在此之前，军人的着装风格和平民没什么两样。军队制服在19世纪初开始流行，在法国，这种服装往往设计得十分新潮华丽，以此来吸引更多年轻人入伍参与拿破仑的侵略战争。军队制服往往种类多样、做工优良、外观华丽，这些服装往往有着艳丽的色彩，装饰有翎毛、流苏、徽章、金属牌、毛皮、饰物、纽扣、马鬃、刺绣图案与军功绶带，其细节设计几乎无可匹敌。到了1812年，军帽尺寸变得更大，也更加华丽了，其高度可达2英尺（约60厘米）。军帽上新添加了皮草、流苏和羽毛等设计元素，法国骑兵的头盔上还有着长长的、随风飘动的一束马鬃。那时的英国志愿轻骑兵的军官则佩戴白色的有檐平顶筒状军帽（这种帽子的帽冠较小，呈圆柱状，上面带有一个面罩），在其冠部的前端有一根向前垂下的羽毛。俄军的制式头盔上则有着 12 英寸长（约 30 厘米）的双头鹰图案作为装饰。19 世纪的英国讽刺漫画家詹姆斯·吉尔雷曾针对那个时期的战争创作了一系列政治讽刺漫画，在这些作品中，吉尔雷很喜欢以夸张的手法将士兵帽子的尺寸进一步扩大。这些华丽军帽的外观不断地发生变化，直到第一次世界大战期间，现代战争中的毒气、堑壕战和装甲车让骑兵和他们的华丽军装彻底退出了历史舞台。

　　不过，这些能够营造热烈氛围的军帽却在歌舞剧中得以重生，在当时的富丽秀中，舞者往往佩戴巨大的、高达 8 英尺（约2.5 米）的扇形头饰——这种造型往往是迷人的独唱环节的标配。例如法国歌手、演员密斯丹格苔在《巴黎赌场》等戏剧中所佩戴的帽子，这顶帽子高达 4 英尺（约 1.2 米），由丝绸制成，帽子上装饰有一根鸵鸟羽毛。密斯丹格苔的形象风格传承自 19 世纪以狂野奔放魅力著称的演员盖比·戴斯雷，戴斯雷的独特风格曾征服了百万名观众。知名艺术家塞西尔·比顿曾如此评价戴斯雷，称她是在"以惊人的胆略在近乎野蛮的艺术领域中摸索着前进"。戴斯雷的艺术风格如此大胆，以至于后世在法国富丽秀音乐厅演出的密斯丹格苔等女演员的服装风格中仍有戴斯雷的影子。露西尔也发现了这种独特服饰中的潜在商机，她在这一领域的设计作品曾被誉为"复杂精妙工艺的杰作"。露西尔设计了熠熠生辉、结构独特的服装（有些甚至能像一把巨大的扇子一样打开），一些高耸、镶有珠宝的华丽头饰也是出自露西尔之手。

◁
英国近卫骑兵（也被
称为皇家骑兵）在重
大仪式上佩戴的一种
装饰华丽的盛装头盔，
上有长长的白色马鬃
作装饰。

△
1805 年，政治漫画家詹姆斯·吉尔雷创作了一幅漫画，以此来讽刺军中华丽而巨大的帽子。

这些头饰往往十分奢华，还带有一丝设计者的幽默（有些帽子形似烛台）。

齐格菲尔德歌舞团还聘请了奥地利艺术家约瑟夫·乌尔班来设计舞台和灯光，乌尔班是当时著名的建筑师、室内装饰艺术家，他还是装饰派艺术风格运动的一大领导者。乌尔班专门为富丽秀定制了一种特殊的舞台，他为舞台设计了新的形状，并利用黑暗作为衬托实验了一种新的灯光效果。在露西尔和乌尔班的共同努力下，富丽秀有了属于自己的独特灯光设计，让参演的女演员们能够在黑暗中走上舞台，而特定角度的灯光还能让她们的珠宝服

◁
密斯丹格苔戴着她新
奇的帽子参演富丽秀，
她有很多这样的帽子。

1915 年，齐格菲尔德歌舞团的明星多洛雷斯，她被露西尔装饰成"白孔雀"的形象，这身服装是该歌舞团演出《午夜嬉戏》中的戏服。

◁
艾拉·娜兹莫娃在电影《莎乐美》中的剧照（1922 年），她的服装由娜塔莎·兰波娃设计，反映出 20 世纪 20 年代的全新风格。

装闪闪发光。两个艺术家说服齐格菲尔德为他的歌舞团选择柔和的蓝色灯光，或许这就是“蓝色”（blue 一词在英文中也指下流、低俗）一词往往与某些作品联系在一起的原因。随后一段时间里，全世界各地的富丽秀歌舞团都开始采用类似的灯光和舞台设计。

　　1922 年，女演员兼导演艾拉·娜兹莫娃曾在电影《莎乐美》中扮演女主人公莎乐美，这部电影改编自奥斯卡·王尔德所写的同名戏剧。在拍摄过程中，娜兹莫娃的服装极具 20 世纪 20 年代的风格——剪裁到大腿中部的紧身连衣裙和一顶紧致的黑帽。莎乐美极具特色的帽子上装饰有大颗的珍珠，它们在娜兹莫娃行走的过程中也跟着一起晃动。当人们还在观看黑白电影的时候，服装设计师娜塔莎·兰波娃就开始为影视人物设计服装了，她推出了一款钟形的圆顶小帽，这顶帽子十分有名，是几十年间公众议论的一大焦点。长期以来，人们一直认为电影中所出现的那一顶帽子已经丢失，但在 2016 年，有人在美国的一间阁楼里发现了这顶帽子和与之搭配的戏服，这才让它重见天日。

　　20 世纪 20 年代的人们都喜欢欣赏年轻女子的曼妙身姿，那十年正处美国的禁酒时期，在此期间出现了一个名叫"时髦女郎"的女性群体，她们新潮的穿着打扮和行为举止与波切利所推崇的爱德华时期的挥霍奢侈的生活方式格格不入。这些女性通常很瘦，但有着男人一样的健壮体魄，她们的工作往往是驾驶汽车或是飞机。时髦女郎平日里留有波浪形的短发，她们很喜欢喝私酒，且对性生活持十分开放的态度。这种短发在过去的文化环境中往往会意味着不守妇道和放荡的生活态度，因此在此之前的 19 世纪，女性往往留着松散的长发。虽然时髦女郎这一群体存在了很短一段时间后就淡出了公众视野，但她们的打扮风格却成就了两位知名女星——露易丝·布鲁克斯和葛丽泰·嘉宝，两人的形象截然不同，但她们都偏爱简洁的妆容、精巧的短发，也都常戴一顶小圆帽。

在女人们开始流行剪短发的时候，她们急需新款帽子来与新发型进行搭配，钟形帽便由此应运而生，与传统帽饰不同，钟形帽可以紧贴人的头部，以此增强短发精致、干练的观感，这种帽子往往能对头发起到一定的挤压作用，以此来固定发型并让发丝保持光滑。钟形帽看上去像一个小型而柔软的头盔，它的作用和头巾有些类似，即能够紧紧地包裹住头部。此外，这种帽子也可以为其佩戴者平添几分魅力，因为人们能让头上的钟形帽摆成不同角度，甚至可以将其拉到眉毛以下，这种帽子像是男款的毡制软呢帽，二者的出现重新定义了帽檐的作用。钟形帽的帽檐往往很短，有的款式甚至没有，这样的设计意味着它的结构可以和佩戴者的头部很好地匹配，因此钟形帽问世之后立刻受到大众好评。此外，钟形帽上也可以装卸各种羽毛或丝带制成的小装饰品，人们还可以根据自己的偏好选择合适的颜色。在 1928 年的巴黎，街上的女人们几乎都佩戴着高度自定义的钟形帽。实用、别致、高度可定制的钟形帽在 20 世纪 30 年代仍然十分盛行，并成了当时的主流款式。关于钟形帽的起源有多种说法，有的人认为是卡罗琳·瑞邦或可可·香奈儿设计了这种帽子，亦有人认为钟形帽是法国制帽师露西·哈马尔或罗丝·德斯卡特设计的，前者在 1917 年推出了一款紧致的短檐草帽，后者则在 1924 年推出了一款无檐毡帽，德斯卡特十分擅长运用毛毡等柔软材料。在钟形帽流行伊始，瑞邦等一众著名制帽师对此进行抵制，因为他们担心这种结构统一、设计简便的帽饰的流行极有可能会扼杀其他新款式的出现，并因此导致制帽产业的衰落和女帽设计师地位的下降。

在 20 世纪 20 年代，男款帽饰同样是人们热议的对象，这一时期的软呢帽和常礼帽多了一份浪漫的含义，这可能是因为两款平民头饰受到人们的普遍喜爱，在社会中的作用不容小觑，甚至有人把这两种帽饰的流行看作是阶级关系转变的一个信号，认为这一现象意味着以奢华生活为特征的贵族阶层的衰落，也说明了平民阶层的崛起。在这一时期，男士的帽子往往还意味着佩戴者对自由的向往和渴求。在 20 年前的世纪之交，阿尔弗雷德·路斯就对男帽设计师十分尊敬，他也十分重视帽子在社会生活中的作用。超现实主义者往往对帽子爱不释手，他们诗意地将帽子比作其他东西，例如一出喜剧或是一道谜题，这种态度就好像把生活中的每个普通人都塑造成一个大英雄一样，常礼帽就是他们最喜欢的一种帽子。达达派艺术家马克斯·恩斯特在 1920 年创作了一幅名叫《帽子造就人》的作品，在画中，他以一种戏谑的方式描绘了常礼帽和其他款式的帽子的形象。汉斯·李希特在 1928 年拍摄了一部大胆前卫的电影《早餐前的幽灵》，在电影的一段情节里，成千上万的常礼帽从天而降，就像下雨一样。画家勒内·马格里特也痴迷于常礼帽，他画中的这些帽子往往处于各种荒诞、混乱的背景中。

在 20 世纪 30 年代，艺术家们往往凭借其天马行空的想象进行创作，他们的作品往往看上去十分荒诞，其中又蕴含了极具个人特色的幽默感。30 年代的经济大萧条为人们带来了无尽的恐惧与痛苦，但它也催生了一批极具时代特色的艺术作品，例如马克斯兄弟独树一帜的幽默喜剧，阿斯泰尔和罗杰斯的奇妙舞蹈电影，还有超现实主义者以奇特视角描绘的画作和其他艺术作品。
女帽行业也受到了这种幽默感的影响，这一时期涌现出一大批非
主流的帽子款式，它们往往抛弃了对称的设计，以倾斜的结构和
运动的观感形成独特的效果。这些帽子并没有明显的对角线，因
此有着千奇百怪的造型，例如带帽檐的漏斗形帽、罗宾汉风格的
帽子和有着高低不平帽冠的软呢帽。帽子上的装饰品也往往是剑
走偏锋，有时甚至仅仅是一些基础材料的拼凑，例如将单根卷曲
的羽毛、一朵花和花边丝带组合起来。此外，这一时期的许多帽
子都有着宽大的帽檐或是奇形怪状的帽冠。

　　在这一时期，小巧款式的帽子也深受人们喜爱，美国女帽

◁
马克斯·恩斯特的作品
《帽子造就人》（1920
年），他以诙谐的笔触
勾勒了当时的男帽。

设计师本杰明·格林菲尔德就设计了许多这样的帽子，将其归为"贝斯本"系列品牌，这一系列的产品往往体现出极强的个人风格与成熟的设计理念，在当时十分抢手。格林菲尔德在设计过程中往往以现实中的事物为原型并对它们做微小化的处理，例如迷你的钢琴、人物或狗，他甚至还在特定的几款帽子中以微型厨具作装饰品。意大利设计师夏帕瑞丽则设计了形似鞋履或墨水瓶的帽子，这种恶搞风格在时尚界留下了浓墨重彩的一笔。卡罗琳·瑞邦在这一时期设计的帽子甚至只可以称为面罩，它们往往由流苏和羽毛加以装饰。阿格尼丝夫人则是在 1937 年设计出一款带有拉链的帽子，这种帽子平时看上去十分宽大松散，但一旦拉上拉链就会变成一顶质地坚硬、带有帽檐的尖顶帽，拉链的设计不仅能够改变这款帽子的外观，还能让人更好地将其收纳。

　　在 20 世纪，帽子仍然是表达社会评论的重要渠道，从这个角度讲，这些现代风格的帽子和 200 多年前法国大革命时期所佩戴的"革命帽"发挥着相似的作用。在 1936 年的伦敦，超现实主义艺术家希拉·莱格因其独特的荷叶帽饰而知名，她的这顶帽子能够像一个球体一样包裹其头部。莱格的这套服装的设计灵感来自西班牙画家萨尔瓦多·达利于同年创作的画作《三名年轻的超现实主义妇女怀抱着乐器》，莱格的服装模仿了画中女主人公的穿着。历史学家阿利斯泰尔·奥尼尔认为，莱格作如此打扮是为了声张女性的权利，在奥尼尔看来，莱格认为女性屈服于时尚，迫于其压力不得不换上最新款式的服装。因此，她选择了这一风格古怪的帽子，并不是想显得它多么有趣别致，而是希望告

◁
戴着 J. 苏珊娜·塔尔博特所设计的钟形帽的一位模特，这张照片由摄影师爱德华·史泰钦于1925年拍摄。

诉世人她的头为帽子所覆盖，正如女性为时尚所裹挟那样。每当戴上这顶帽子，莱格的面部就会显得略有褶皱而非光彩照人，她将这一效果称为"性感的超现实主义魅影"，莱格以此表达了对女性希望青春永驻的讽刺。20 世纪 30 年代的帽子中充斥着隐喻

的观点、超现实主义幽默或是对常规物品的体现和模仿。在高级
时装界，夏帕瑞丽的作品和格林菲尔德的"贝斯本"系列的作品
就是这一现象的体现，让人感觉仿佛回到了充满了"革命帽"和
贝尔坦风格的 18 世纪。

▷
1933 年，出自特拉维
斯·班通（可能还有
约翰·弗雷德里克斯）
之手的羽质钟形帽，
这顶帽子是为《上海
快车》中的玛琳·黛
德丽所设计的。

　　在 20 世纪 40 年代，头饰设计的艺术达到了巅峰。针织绒线帽、软呢帽、网眼披巾、兜帽、水手帽和布列塔尼式帽子等款式在这一时期都得以发展，长流苏、各种面纱和头巾的使用也变得更加普遍，在这些诸多帽饰中，头巾更是迎来了发展的高潮。

◁
法裔女帽设计师莉莉·达切在她的纽约工作室里。

第二次世界大战期间，在德国占领下的法国，女性往往会佩戴一条头巾，当时的她们会把头巾盘得高高的来抗议当时物资短缺的现状。在纽约，法国出生的设计师莉莉·达切也以设计头巾见长，约翰·弗雷德里克斯也因此得名（弗雷德里克斯在 1949 年改名为约翰· P. 约翰，并打造了自己的品牌"约翰先生"）。他们二人的作品价格不菲，却也因其卓越的设计理念而受到公众的认可，时人将二人旗下的作品赞为"帽饰设计的标杆"。达切为巴西女演员卡门·米兰达设计了标志性的水果头巾，并为时尚界贡献了诸多富有创意的头巾款式。约翰则有着天马行空的想象力和精湛的技艺，他所制作的帽子往往特点突出，甚至显得极端（例如尺寸极大），但他同时也设计精巧细致的常规款式。约翰是一位能够设计各种类型头饰的大师，时尚专栏作家尤金尼亚·薛帕德称其为"女帽设计师中的艺术家"，约翰于 1993 年逝世，刊登于《纽约时报》的讣告中称他为帽匠里的迪奥。除了在帽饰设计方面的重大成就，约翰还让挎包成了时尚界的重要一员。

在第二次世界大战期间，制帽业也相应地受到影响，暂缓了其发展的脚步，而推动时尚和服装产业发展的努力在这一时期也显得尤为重要。莉莉·达切、约翰·弗雷德里克斯和萨莉·维克多在纽约成立了"时尚女帽设计组织"，这是一个由诸多女帽设计师组成的联盟，这些设计师在此整合资源、相互合作，并以此促进整个产业的发展。1943 年，三位创始人因这一工作而获得了时尚界的最高奖项之一的科蒂奖。在战后时期，巴黎因战争的破坏已经元气大伤，无力继续充当全世界时尚的中心，纽约便顺理成章地接过了这一头衔。

◁

约翰先生最喜欢的模特之一,卡门·戴尔·奥利菲斯于 20 世纪 50 年代早期戴着约翰先生设计的帽子。

到了 20 世纪 50 年代，华丽的碟形帽、平顶帽和车轮帽成了富裕的象征，此时的人们由于收入差距戴着各种价位的帽子，从高端定制时装到名牌仿制品，再到批量生产的工业品都是人们的选择对象。50 年代是社会规范要求人们佩戴帽子的最后一段时期，也是人们公认的制帽业达到新高度的华丽的十年。在这一时期，碟形帽经常与高级时装相搭配，那时迪奥和勒格鲁姐妹所设计的碟形帽最为知名。勒格鲁姐妹所设计的帽子在结构上往往有一种充满生机活力的观感，同时她们也善于运用流线型的设计来加强这一效果。勒格鲁姐妹和阿格尼丝夫人的作品都可以很好地与巴伦夏加所设计的服装进行搭配，勒格鲁姐妹也与时装设计师皮埃尔·巴尔曼有合作业务，在当时，这些高级时装品牌常常成对或是组团出现在聚光灯下。

以达切和约翰先生为首的一些女帽设计师在 20 世纪中期逐渐建立起自己的商业帝国，他们不仅经营帽子业务，还将自己的品牌授权给许多衍生产业，例如香水、配饰，甚至是纽扣，有的还运营着服装业务。许多女帽设计师在全球各地的大城市还开有自己的沙龙，这些活动尤其集中在罗马、巴黎和纽约等时尚都市，他们也相应地在当地开有自己的店铺或是授权一些百货公司去售卖旗下的产品。这些额外业务推动了女帽业的发展，却也带来一些隐患，因为在国内其他地区和国际市场上售卖的授权商品往往鱼龙混杂，设计师对他们旗下产品的控制力越来越差，这些产品也因此越来越没有质量保证。在 20 世纪 60 年代，这一负面影响在一定程度上削弱了公众对名牌帽子的渴求与兴趣。与此同时，处于流行文化边缘的地下艺术在悄无声息地崛起，它们一定程度上也能塑造着公众的品味与偏好，当时的一些服装设计师就是处于这一边缘群体，例如比尔·坎宁汉，他是一位著名的时尚摄影师，经常在街头进行一些拍摄任务。坎宁汉最初的工作就是设计帽子，他曾经获得业界前辈诺娜·帕克斯和苏菲·肖纳德的指导，后者在纽约经营着著名的时装店铺。坎宁汉的作品曾受到著名艺术家安迪·沃霍尔的赏识。在传统高级时装的地位有所下降之际，这些处于艺术界边缘地带的设计师就成了 20 世纪 60 年代时尚潮流的推动者。

◁
勒格鲁姐妹所设计的极具代表性的碟形帽，这顶帽子充满华丽优雅的气质，由诺曼·帕金森于1952年拍摄。

20 世纪 60 年代帽子在社会生活中的地位有所下降，在此之前，社会规范要求各行各业的人们必须佩戴帽子，而到了工业化发展相对完善的 60 年代，人们有了选择戴与不戴的权利，许多人便放弃了对这一服饰的选择，帽子的销量随之一落千丈。在 60 年代中期，诸多与经济贸易相关的杂志上经常刊登帽子贸易额下降的数据，《制帽研究》就是其中之一，甚至在公认的"时尚之都"纽约，以及帽子的主要产地新英格兰地区，与帽子相关的业务都在迅速下滑。《制帽研究》在 1965 年 1 月的期刊中，刊登了一篇名为《1965 年制帽业的萎缩》的文章，此后随着男帽生产的进一步减少，该刊物又刊登了一篇名为《在 10 月，制帽业减少了 600 名工人》的文章，报道了 1966 年纽约市因此进一步蒙受经济损失的事实。在这 10 年中，因制帽业衰退而导致的失业也是媒体关注的焦点。据 1967 年 3 月《制帽研究》上发表的文章，在 1965 年，制帽业的就业人数继续下滑——当时在马萨诸塞州、新泽西州和纽约州只剩下约 12000 名工人还在从事制帽工作，而这一数据仅仅是 1947 年的一半。同年 4 月，更多的数据刊登出来以表明该产业在这一时期极不景气。以下是一段当时的报道：

"制帽业从 1963 年开始究竟经历了什么？所有数据都表明该产业在 1965 年的出货额度甚至不到 1.4 亿美元，比 1957 年至 1959 年的基准年下降了约 30%。"

这一时期制帽产业的衰落有众多因素，其中一个比较明显的原因是发胶的广泛使用，人们可以用发胶让头发固定成一个造型，这种塑造头部形象的手段相较戴帽子更加实惠。此外，保持蜂窝头和蓬巴杜等发型甚至和帽子都不能兼容。因此，当时有人认为发胶的使用不仅对制帽业来说是极大的威胁，而且可能让时尚设计和公众审美的发展也因此倒退。在约翰先生看来，高级时装界看不上设计发型这种"低端"的技艺。此外，导致帽子在日常生活中消失的因素还有很多，例如活动顶篷式汽车和低顶车的出现。还有些人认为，这一时期的年轻人也格外排斥戴帽子这一行为，这是因为经历了20世纪50年代残酷的朝鲜战争，他们不愿和戴着帽子的老一辈之间产生过多的关联，年轻人认为是老一辈的错误决策将他们引向失败与死亡，所以年轻人不愿像他们一样佩戴帽子，以此来划分界限。还有些人认为，帽子的护理相当烦琐而昂贵，这与50年代所流行的"轻松生活"的理念（这在当时是一个十分常见的广告词）格格不入，显然名贵的帽子和复杂的护理过程并不符合"轻松生活"的节奏。在这些导致帽子地位下降的因素中，人们普遍最认可的是20世纪60年代的民主化进程，在这一时期执政的约翰·肯尼迪总统的一大特点就是不佩戴软呢帽（政客的标志性头饰），他也因此引起了一股不戴帽子的潮流。肯尼迪不戴帽子可能是因为他的发质很好，对于像肯尼迪这样清瘦的人来说，展示自己的头发可以让他看上去更加年轻、充满活力。人们也常说，肯尼迪在1961年的就职典礼上并没有像其前辈一样佩戴高顶礼帽，然而当时的影像记录却可以证明这是一个错误的观点。肯尼迪在就职典礼上戴了一顶礼帽，他只是在演讲的时候将帽子摘掉，而所有总统在就职演讲期间基本都是这样做的，其目的在于表达对听众的尊重。

在 60 年代，各国的制度体系和学说思想都发生了重大变化。但在此期间，潘诺夫斯基的一个理论却被广泛接受，即图像是一种重要的文化交流方式，它在社会结构中起到支柱性作用。加拿大思想家马歇尔·麦克卢汉在 1964 年出版了《理解媒介：论人的延伸》一书。在书中麦克卢汉强调说，"媒介本身就是信息"，以此表明人们在理解外在事物时，其存在形式能传递出诸多有价值的信息。麦克卢汉在女帽产业发展最辉煌的世纪提出了这一观点，他的这一看法也鼓励人们接着探索帽子的图像属性及其形式中蕴含的信息与作用。

20 世纪 60 年代出现的帽子款式也印证了麦克卢汉关于形式与媒介的看法，在这一时期流行的帽子款式往往是对过去传统帽饰特征的继承与回归。在 60 年代的下半叶，简洁的线条设计也重新开始流行，例如这一时期流行的兜帽，其原型就是 14 世纪农民的常规着装。设计师帕科·拉巴纳、侯斯顿、皮尔·卡丹等人不约而同地开始改造这款古老的头饰。他们各自的设计成果风格各异，但结构形式上基本呈头盔状，这些产品往往质地较硬且富含艺术美感，有的款式会与裙子或大衣相连。这种盔形头饰看上去和过去的兜帽、头巾十分相似，与之不同的是这种帽子的下端结构能够遮住人的下巴。60 年代的盔形帽有着简洁的线条、平整的表面和宽大的轮廓，这样的设计极具时代特色。盔形帽的出现让之后帽子风格的发展逐渐统一、中性化了。

到了 20 世纪 70 年代末，设计师伊夫·圣罗兰也尝试以诸多传统款式为基础设计新帽饰，他为此研究了布列塔尼式帽子、越南斗笠、贝雷帽、钟形帽、阿拉伯头巾、侧板帽、羽饰丝绒帽和中国清代的官帽。克芮绮亚（意大利时尚品牌 KRIZIA）也随之开始在钟形帽和贝雷帽的基础上开始创作。比亚乔蒂、比尔·吉布斯和杰弗里·比尼等时尚界达人十分钟爱这些传统头饰所衍生的帽子，他们曾有意购买、收藏这些时装。设计师格雷厄姆·史密斯在为琴·缪尔设计帽饰的时候，也对贝雷帽这种传统着装青睐有加。在 70 年代末，帽子不再是人们日常生活的必需品，许多设计师也因此退出了这一行业，但贝雷帽、软呢帽、羽饰丝绒帽等款式仍然在时尚界大受欢迎。这些老款式逐渐复兴，成为整个行业最亮丽的一张名片。在这一时期，编舞家鲍勃·福斯开始尝试让常礼帽成为舞者着装的一部分，以使舞蹈作品的表现效果更加精准可控，也更加富有魅力。福斯曾在 1972 年为电影《歌厅》编舞，该影片背景设在 20 世纪 30 年代的一家柏林俱乐部中，著名女演员丽莎·明奈利是这部电影的女主角。在影片中，明奈利身穿一件露背上衣和一条短裤，头戴一顶由夏洛特·弗莱明设计的常礼帽，这身打扮也随即成了明奈利的经典形象。

　　到了 80 年代，人们对时尚界的看法发生了变化。正如演员奥利维尔·塞拉德所说，随着时尚艺术成为社会文化的重要组成部分，公众也"正式认可了时尚的地位"。英国、法国、美国和日本等国的大型博物馆都设立了特点鲜明的时尚产品分区，加快了这一领域"登上大雅之堂"的速度。在 1982 年，《艺术论坛》的编辑英格丽·斯西让一件三宅一生旗下的服装登上了杂志封面，这一行为引起了部分人的争议，但它也在事实上推动服装设计融入了艺术领域。斯西表示，她作出这一选择是为了

▷
皮尔·卡丹在 20 世纪 60 年代设计的盔形帽。

迈克尔·杰克逊戴着
他标志性的软呢帽。

向公众说明时尚有"自己的系统和语言"。在设计帽子的过程中，这些"系统和语言"体现得尤为明显，这也让帽饰设计毫无争议地成为艺术领域的一个重要分支，帽子也在这一时期悄悄地重新融入主流文化中，就好像它从未离开一样，一些经典款式的帽子逐渐重回大众视野。当然，在 80 年代还有许多人仍然不佩戴帽子，但这一头饰再次成为时装设计领域的常客。例如，奇安弗兰科·费雷所设计的简易碟形帽，派瑞·艾力斯旗下的短顶帽款式，让-保罗·高缇耶对水手帽青睐有加，侯斯顿则开始以牛仔帽为基础进行新产品的开发设计，后来拉夫劳伦也开始追随他的脚步。在接下来的几十年里，设计师们推出多种款式的牛仔帽，这种传统头饰也随即成了富裕阶层女性的一大选择，她们的牛仔帽往往有着艳丽的颜色，宽大的帽檐像翅膀一样向上翘起。在 80 年代中期，设计师们频繁地借鉴并改造经典款式的帽子。设计师川久保玲就十分喜欢在她的公司 Comme des Garçons（直译为"如男孩一样"）里研究设计纸质头巾、波浪状的锥形帽和一些有年代感的帽饰。

单独的一顶帽子也可以成为一个人的标志，例如迈克尔·杰克逊常戴的一顶软呢帽就成了代表他个人的符号，这顶帽子由巴黎传奇设计师让·巴特所打造。杰克逊常常会将这顶帽子歪戴在头上，甚至遮住眼睛，他在表演舞蹈时也会将帽子作为一个道具来配合演出，因此杰克逊与其软呢帽共同塑造的形象十分深入人心。英国超现实主义艺术家希拉·莱格于 20 世纪 30 年代所设计的荷叶帽的造型又启发了澳大利亚的行为艺术家雷夫·波维瑞，这位艺术家一直活到了 1994 年。波维瑞往往会设计一整套符合人体结构特征的服装，这些套装通常能够覆盖几乎整个身体。波维瑞推出的服装常常与荷叶状的球形帽进行搭配，这种帽子能够包住整个头部。波维瑞喜欢在日常着装的基础上将其特征夸张性地放大，他还会使用简约经典的线条勾勒奇特的轮廓结构，这样的设计思路几乎体现在波维瑞所打造的所有时装产品中，从帽子到鞋子无所不包。20 年后，歌手 Lady Gaga 成了波维瑞作品的推崇者，这名女歌星的服装风格也是大胆而独特（例如她的著名的生肉裙），她也十分喜欢独具风格的帽饰。Lady Gaga 是2012 年时尚杂志《名利场》的封面人物，她戴着一项巨大的红色帽子完成了封面照的拍摄，Lady Gaga 选择这顶帽子是为了向波维瑞致敬。这顶帽子的设计思路很符合波维瑞的审美风格，他十分偏爱 18 世纪宽大骑士帽所呈现出的优雅姿态，这种迷人的气质在帽子歪戴的时候格外明显。

在 90 年代，两位男帽设计师改变了这一行业默默无闻的现状，让男帽这一头饰重新回到高级时装的行列，他们分别是斯蒂芬·琼斯和菲利普·特雷西。斯蒂芬·琼斯对时尚领域有很深的研究，他在 80 年代经常出入于伦敦的一些时尚俱乐部，琼斯有着卓越的天分和独到的眼光，让人觉得他仿佛是 30 年代的一位前卫艺术家，他因此成了一位明星设计师，同时也为时尚界开辟了一条新的发展道路。菲利普·特雷西比琼斯年轻一些，他曾经得到知名时尚人士伊莎贝拉·布罗的指点，布罗是著名设计师亚历山大·麦昆的好友，她设计的帽子出众而美丽，这也让布罗逐渐成为时尚界的重要角色。在布罗小的时候，她的母亲要求她穿 "漂亮而简约的服饰"来表明其高贵的出身，布罗也因此对服装设计产生了极为浓厚的兴趣。她所设计的服装往往要与特点鲜明、形象突出的帽子相搭配，而这些头饰往往由特雷西来设计制作。当两人在 1990 年相遇时，特雷西还是伦敦皇家艺术学院的一位即将毕业的大学生，那时的他正准备推出自己的作品。布罗委托特雷西为她设计一顶在婚礼上戴的中世纪风格的帽子，特雷西设计的作品帽冠很小，但帽子两侧的帽檐能够像头盔一样紧紧贴在头部。早在那时，特雷西的设计风格就十分优雅，他喜欢运用简洁弯曲、经典传统的线条勾勒结构，设计的成品往往十分独特，带有明显的个人风格。特雷西推出的作品有大有小，有的形似一副面具，也有的突兀高耸，戴在头上摇摇欲坠。布罗平日里也戴着特雷西所设计的帽子，她很欣赏这种大胆奔放的设计风格。之后，特雷西为约翰·加利亚诺的时装秀设计帽子，也相继为卡尔·拉格斐、亚历山大·麦昆及唐纳·卡兰等时尚巨头推出了一系列产品，他的社会地位和知名度也因此上升。特雷西的客户有传统的保守主义者，也有前卫新潮的艺术家，无论设计哪种风格的帽子，他总是着眼于服装设计最基础的形式结构。早在 90 年代，无论设计元素多么烦琐复杂，特雷西总能熟练运用抛物线、螺旋线、波浪线和碟形等基本设计结构，他高超的技艺也加速了男帽重返时装界的进程。

21 世纪的帽子中往往蕴含了欢乐的元素，这样的风格也让这个世纪看上去格外具有活力。在新世纪最初的十年里，各种款式的男帽也重回公众视野，报童帽、软呢帽、巴拿马草帽、软毡帽、鸭舌帽、牛仔帽和高顶礼帽等款式在全球范围内都十分常见，

现代女帽设计师武田麻衣子设计的绚丽夺目的能捕捉光影的"刺猬帽"。

△

女帽设计师莫尔·扎巴尔于 2015 年设计的异想天开、结构优美的帽饰，他以维纳斯捕蝇草为原型设计了这一款式。

2018 年出现在 T 台上的阿玛尼品牌的男帽。

▷
女帽设计师迪努·博
迪丘于 2011 年设计
的优雅而充满神秘感
的红帽。

这些帽子如今并不仅由男性佩戴，它们同时也受到女性的喜爱。而在这一时期，设计师们（尤其是女帽设计师）继承并改造传统帽饰的思路理念，以其娴熟的技艺投入设计工作中去，其中比较知名的有罗马尼亚的迪努·博迪丘、澳大利亚的迪昂·李、法国的穆里尔·尼斯、日本的武田麻衣子、以色列的莫尔·扎巴尔、法国的西蒙·波特·雅克慕斯和法裔美国人尼克·富凯等。

  在 21 世纪，帽子的两大主要功能说明了它仍然是文化中一个永远存在且十分活跃的因素。在 2016 年，艺术家尼古拉·奥特加为委内瑞拉作者阿尔贝托·巴雷拉·蒂斯卡在《纽约时报》上的一篇专栏文章作了插图。在奥特加的画中，他用一顶帽子的图案来代表当时美国政坛的一个奇怪现象。当时的美国总统候选人是大资本家唐纳德·特朗普，他却明显与委内瑞拉曾经的总统、社会主义者乌戈·查韦斯十分相像。特朗普推广了一种棒球帽，这种帽子的帽冠呈圆形，前端有一个遮阳板，这种帽子常由卡车司机佩戴。特朗普为了宣传自己与工人阶级之间的紧密联系，他也把这种棒球帽作为自己的日常头饰。特朗普把这种帽子染成了鲜红色，还在上面标注"让美国再次伟大"的口号。奥特加在画中描绘的帽子形象兼具特朗普的棒球帽和贝雷帽两种款式的特征，贝雷帽往往与抗议或反政府运动的事件、人物有关，例如第二次世界大战期间，法国的地下抵抗运动战士和社会主义革命领袖切·格瓦拉都以贝雷帽作为自己的日常装饰，这种帽子也因此常常被看作是社会主义的象征。奥特加将两种款式的帽子相结合，表现出两位政治家存在一定程度的相似性。这幅插图说明帽子仍然是一种传递信号的重要媒介，它可以凭借其造成的强烈视觉效果，直观准确地表达一些言语难以描述的信息。

在 2018 年，正如时尚界知名记者罗宾·基翰所说，花帽成了时尚界的新宠儿。基翰指出，这一时期的时装秀中，许多大牌都倾向于展示用真花制成的帽子，尤其是丹麦品牌 Noir，它秉持绿色时尚的理念，致力于开发纯天然的产品。此外，这一时期最具代表性的歌手碧昂丝也在同年 9 月的 *Vogue* 杂志封面上展示了她用鲜花制成的帽子，这预示着一股新的时尚潮流正在到来。碧昂丝很久以前就设计好了这身装扮，正如她在接受杂志采访时所透露的那样，这张封面照记录了碧昂丝在当时一段时间内的固定形象。在采访时，碧昂丝说到，她希望自己的着装能反映出苦难与喜悦并存的生活状态、能反映出人对自我的接受与认可、能反映出她对"推动整个世界前进的人"的尊敬、能反映出碧昂丝自己的家族历史（甚至追溯到奴隶制时期）等因素。封面上的碧昂丝穿着柔软的白色棉质连衣裙，这件裙子有着宽松的衣领和褶皱的喇叭袖，整套服装由古驰设计，在视觉上展现出加勒比海地区的着装风格，也借鉴了 18 世纪美国黑奴所制作并穿着的棉衣。英国制衣师、花商菲尔·约翰·佩里为碧昂丝设计了一顶带有鲜花的帽子，其形状与宽大而不对称的非洲盖勒十分相似，佩里有意使用这一传统文化要素，正如他自己所说，他喜欢花朵微微枯萎的"疲倦的边缘"，他十分欣赏这种转瞬即逝的美感和其中所彰显出的生命力量。甚至一位评论记者仅仅看到封面照，就有种亲临现场目睹帽子上的花朵转瞬即逝的感觉。种种设计元素经过创造性的组合，让 2018

年 *Vogue* 杂志的封面成为从过去到未来人们鲜活生命的生动写照。

　　这些花帽，无论是定格于 *Vogue* 杂志封面，还是展现于 T 台上，都融合了永恒和瞬间两种时间概念，因此这种款式的帽子

△
尼古拉·奥特加为《纽约时报》所作插图，奥特加用帽子的图像表达他对 2016 年政坛的看法。

同时是日常生活和社会历史的生动写照。现在的人们以一种全新的角度认识并设计花帽，如今的它不是 20 世纪 60 年代艺术家天马行空幻想的具象化产物，而是直指 21 世纪社会所面临的可持续发展等一系列严肃的社会问题，这些问题可能史无前例，并

因此引起人们的焦虑和恐慌。当然，这些富有生命力的花帽也可能承载着别的含义，我们可以把它看作是古代花环的翻版。人类历史上第一款头饰可能就是花环，它象征着社会生活中一种庄严而重要的事物——荣誉。

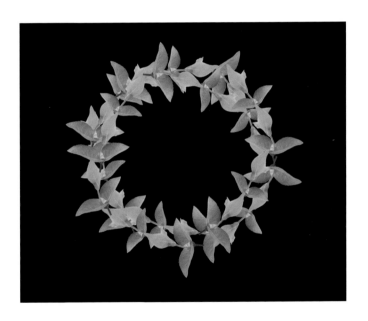

△
鲜活的绿色头饰是永恒的。

致谢

　　我很高兴地感谢莱斯利·迪克（Leslie Dick）、亚历克斯·韦斯特哈尔（Alex Westhalle）和戴夫·伯明翰（Dave Bermingham），他们的想法、热情、技能和研究为我编写本书提供了支持。我还要感谢迈克尔·利曼（Michael Leaman）多年来对这个项目的支持，感谢苏珊娜·杰伊斯（Susannah Jayes）、艾梅·塞尔比（Aimee Selby）和玛莎·杰伊（Martha Jay）在我编写本书的过程中提供了坚定不移的帮助。我还要感谢那些在我编写本书时帮我开阔视野的人。

图片版权声明

The author and publishers wish to express their thanks to the below sources of illustrative material and/or permission to reproduce it.